铯钨青铜纳米粒子用于肿瘤多功能成像与光治疗的研究

郭　伟　杨春雨　著

哈尔滨工业大学出版社

内 容 简 介

如何实现对肿瘤的精准诊疗一直是医学界的难题和研究热点。目前构建诊疗一体化材料的方式主要是将多种组分简单组合在一起，该方法获得的材料存在组分间相互干扰、合成复杂、使用过程中易分解等缺点。针对以上问题，本书设计合成了铯钨青铜纳米粒子，针对其与细胞、肿瘤组织界面的相互作用，并对其表面进行生物功能化修饰，利用其光动力效应、光热转化能力以及高原子序数特征，构建了 3 种多模式诊疗体系，实现了肿瘤多功能成像与光治疗的一体化。

本书可作为化学、材料学及生物医学等专业的研究生入门学习的参考书，也可作为欲从事肿瘤精准诊疗领域研究的教师的参考资料。

图书在版编目（CIP）数据

铯钨青铜纳米粒子用于肿瘤多功能成像与光治疗的研究/ 郭伟，杨春雨著. — 哈尔滨：哈尔滨工业大学出版社，2022.4（2024.6 重印）

ISBN 978-7-5603-9082-6

Ⅰ. ①铯… Ⅱ. ①郭… ②杨… Ⅲ. ①纳米材料-新技术应用-肿瘤-诊疗-研究 Ⅳ.①TB383②R73

中国版本图书馆 CIP 数据核字（2020）第 181631 号

策划编辑 王桂芝
责任编辑 张 荣 陈雪巍
出版发行 哈尔滨工业大学出版社
社　　址 哈尔滨市南岗区复华四道街 10 号 邮编 150006
传　　真 0451-86414749
网　　址 http://hitpress.hit.edu.cn
印　　刷 辽宁新华印务有限公司
开　　本 720 mm×1 000 mm　1/16　印张 11　字数 200 千字
版　　次 2022 年 4 月第 1 版　2024 年 6 月第 2 次印刷
书　　号 ISBN 978-7-5603-9082-6
定　　价 72.00 元

（如因印装质量问题影响阅读，我社负责调换）

前　言

作为全球第二大致死病因，癌症已经严重威胁了人类的健康与生命，但传统的手术治疗、化疗等治疗手段往往存在手术面积大、副作用大等缺点。光热治疗（PTT）和光动力治疗（PDT）分别利用光活性物质的光热效果与光生活性氧物质诱导肿瘤细胞凋亡或消融肿瘤组织，具有毒性低、副作用小、治疗时间短、可重复治疗的优点，为肿瘤的诊断与治疗提供了新的途径。目前，PDT面临的困难是治疗过程中肿瘤组织中氧的快速消耗会降低其效果，而PTT效果会随着光照时间的增加而由弱变强，因此将PDT与PTT相结合具有较好的协同治疗作用。此外，如何实现对肿瘤的精准诊疗一直是医学界的难题和研究热点，而基于影像介导、多模式肿瘤治疗的诊疗一体化手段，能够在治疗过程中有效评估肿瘤的最佳治疗时间窗并能随时调整治疗方案，有利于达到最佳治疗和较少副作用的效果，有望成为个性化医疗/精准医疗的一种新策略。目前构筑诊疗一体化材料的方式主要是将多种组分简单组合在一起，该方法获得的材料存在组分间相互干扰、合成复杂、使用过程中容易分解等缺点。

针对上述诸多问题，本书设计合成了铯钨青铜纳米粒子，对其表面进行生物功能化修饰，利用其光动力效应、光热转化能力以及高原子序数特征，构建了3种多模式诊疗材料体系，以实现肿瘤多功能成像与光治疗的一体化。此外，本书还针对铯钨青铜纳米粒子与细胞、肿瘤组织界面的相互作用，做了以下4点研究。

第一，采用"控制缓释水"的溶剂热方法制备了铯钨青铜纳米粒子，系统地探究了溶剂组成、反应温度、反应介质、铯与钨（Cs/W）摩尔比以及给水方式等合成条件对铯钨青铜纳米粒子微观结构及其光学性质的影响，并通过紫外-可见-近红外吸收光谱、透射电子显微镜以及X射线衍射等表征手段确定铯钨青铜纳米粒子的最优合成条件，获得了尺寸适中、近红外吸收强、光热与光动力效应显著的铯钨青铜纳米粒子，为后续多功能诊疗体系的构建提供了物质基础。

第二，针对铯钨青铜纳米粒子在生理及类生理条件下分散稳定性差的问题，采用静电层层自组装的方法分别将带正电的聚烯丙基胺盐酸盐与带负电的聚（4-苯乙烯磺酸钠）交替修饰于铯钨青铜纳米粒子表面，成功地制备了聚电解质修饰的铯钨青铜纳米粒子（M-Cs_xWO_3）。体内外光声成像与 CT 成像结果表明 M-Cs_xWO_3 具有良好的光声与 CT 成像效果。同时，M-Cs_xWO_3 可利用"第一生物窗口"与"第二生物窗口"的激光进行光热与光动力的协同治疗，实现了集肿瘤双模式成像、双光区响应、双重光治疗效果于一体的诊疗一体化手段。

第三，针对肿瘤缺氧环境所造成的光动力疗效下降的问题，使用对生物体无毒且可携带氧的全氟-15-冠-5-醚（PFC）包裹铯钨青铜，获得 PFC 包裹的铯钨青铜纳米粒子（Cs_xWO_3@PFC），通过 Cs_xWO_3@PFC 对缺氧条件下培养的胰腺癌细胞（PANC-1-H）和常氧条件下培养的胰腺癌细胞（BxPC-3/PANC-1）的光治疗效果的对比，证明了 Cs_xWO_3@PFC 具有增强的光动力治疗效果。对缺氧条件下培养的高耐药性低治愈率的胰腺（PANC-1-H）肿瘤获得了积极的治疗效果。此外，Cs_xWO_3@PFC 还具有预期的光声和 CT 成像能力。

第四，为了解决铯钨青铜纳米粒子对肿瘤无主动靶向能力的问题，将靶向肽（半胱氨酸-精氨酸-甘氨酸-天冬氨酸-赖氨酸）-异硫氰酸荧光素（CRGDK-FITC）修饰于铯钨青铜表面，获得具有靶向作用的 Cs_xWO_3@CRGDK 纳米诊疗剂，其可以主动靶向乳腺癌细胞。此外，针对单色激光用于光治疗过程中肿瘤组织易产生适应性的问题，本研究首次使用波长为 800～1 300 nm 的近红外光源进行光热/光动力治疗。结果表明在相同的功率密度下，近红外光的治疗效果要优于波长为 880 nm 与 1 064 nm 的单色激光。同时，在荧光成像、光声成像以及 CT 成像的引导下，实现了乳腺癌在近红外光照射下的光热/光动力协同治疗。

本书由哈尔滨师范大学郭伟和杨春雨共同撰写，具体分工如下：郭伟负责拟定本书的撰写方案并撰写了第 1～4 章及参考文献，字数合计约 12 万字；杨春雨负责撰写第 5～7 章，字数合计约 6.5 万字。全书由郭伟做统筹工作并审阅定稿。

限于作者水平，书中难免存在疏漏及不足之处，望读者批评指正。

作　者
2022 年 2 月

目　　录

第1章 绪 论

1.1 研究的背景

随着人类生存环境的恶化和饮食安全问题的日趋严重,癌症的发病率逐年增加。癌症早期患者通常无明显症状,一旦症状趋于明显就已经处于癌症晚期。因此,癌症已经成为一种高死亡率的疾病。癌症的临床治疗手段包括手术治疗(外科手术切除)、化学药物治疗以及放射线治疗等。理论上手术治疗可以将肿瘤组织完全切除而治愈癌症,但对于弥漫性多发肿瘤却无能为力。化学药物治疗(化疗)采用抗肿瘤药物干扰癌细胞分裂,从而抑制肿瘤细胞的生长。然而,多数化疗药物对肿瘤细胞的靶向性差,干扰肿瘤细胞的同时也会伤害健康组织。放射线治疗(放疗)通过外加短波长 α、β、γ 射线和各类 X 射线破坏肿瘤细胞的 DNA,阻止肿瘤细胞的分裂、增殖与生长,但其具有一定的致畸风险。因此,构建肿瘤精准疗法尤为重要。

光治疗是一种新兴的抗肿瘤方法,其选用光活性物质在肿瘤部位富集后可被外加近红外光源激发,产生高温(光热治疗)或活性氧物质(光动力治疗)而消融肿瘤细胞、抑制肿瘤的增长。相对于外科手术、化疗以及放疗等临床疗法,光治疗优势在于:

(1)选用的近红外光源穿透能力较放疗时选用的短波长射线更强,尤其适应于浅表肿瘤的治疗,且无致畸与突变风险。

(2)与化疗药物相比,光热剂通常无毒或低毒且全身系统毒性低,不干扰正常细胞的生理周期与生理活动。

(3)与手术治疗相比,通过光治疗破坏的实质肿瘤细胞会激发机体的抗肿瘤免疫反应,因此对弥漫性肿瘤也有效果。但光动力与光热治疗目前仍存在无法避免的缺点：光动力治疗效果会随着肿瘤周围氧的消耗而下降，而光热治疗过程中生物体产生的热激效应将会弱化治疗效果。

近年来肿瘤的诊疗一体化备受关注，因其集合了肿瘤的诊断和治疗，因此可进一步提高肿瘤治疗的精准性。医学成像技术，如电子计算机断层扫描（CT）成像、光声断层扫描（PAT）成像、磁共振成像（MRI）以及正电子发射断层扫描（PET）成像等与肿瘤光治疗相结合成为近些年研究的热点。然而，目前报道的诊疗一体化体系仍然存在一些亟须解决的问题，如成像模式或治疗方式单一、成像或治疗效果差、诊疗系统依赖于多种功能组分且各组分之间存在互相干扰以及缺少主动靶向性等。

综上所述，光热治疗与光动力治疗都有相应的缺点与不足。因此，将光热治疗与光动力治疗相结合对癌症的诊疗具有重要意义。光热与光动力协同治疗能克服单一光热或光动力治疗的局限性。然而，绝大多数的光热剂和光敏剂存在光谱吸收值不一致，以及光热剂对光敏剂有淬灭作用等问题。因此，传统的"集多种组分于一体策略"限制了诊疗一体化的发展。相比之下，使用单一组分实现多重诊疗功能（光治疗与成像）可避免各组分间的相互干扰、单一波长激发和稳定性差等缺点。另外，可用于近红外光治疗的主要有两个生物窗口："第一生物窗口"（650～950 nm）与"第二生物窗口"（1 000～1 350 nm），位于这两个生物窗口范围内的近红外光被生物组织吸收和散射作用弱，因此具有理想的组织穿透效果。综上所述，开发在两个生物窗口波谱范围内具有优异的近红外吸收特性的纳米材料十分重要。实体瘤所处的缺氧环境能极大地削弱光动力治疗效果，将具有较强携氧能力的材料引入诊疗一体化体系中有望解决这一难题。此外，解决诊疗一体化体系中的主动靶向能力和光治疗过程中的生物适应性问题，对于提高肿瘤诊断和治疗效率具有重要的意义。针对以上的研究目的，本书拟采用溶剂热方法制备一种在近红外区具有强吸收能力的铯钨青铜纳米粒子，并利用其优异性质实现单一物种的多重诊疗功能，解决目前诊疗一体化发展过程中存在的诸多问题，为肿瘤诊疗一体化领域的研究提供指导。

1.2 常用医学影像诊断技术

1.2.1 计算机断层扫描成像

X 射线，又称伦琴射线，最早被德国物理学家伦琴发现，它是最早应用于医学成像的诊断技术。随着 X 射线技术的不断发展与完善，计算机断层扫描（CT）成像技术应运而生。不同于 X 射线成像，CT 成像是通过旋转的 X 射线源对人体检查部位进行一定厚度的断层扫描，利用检测器接收透过不同层面的 X 射线，最终经过可见光、电信号以及数字等一系列处理技术转化为计算机能识别并处理的信号。数字矩阵中每个数字经过计算机转化为由黑到白不等灰度的小方块（又称为像素），这些像素按原来的矩阵顺序排列组成 CT 图像。因此，CT 成像是一定数目像素重建而组成的灰阶断层二维图像。利用人体解剖坐标和合适的重建算法处理，便可以将这些二维图像转化为清晰、立体的三维模型。三维重建技术有利于医生选定合适的治疗方案和预测手术效果。该技术不仅提高了诊断效果，而且很大程度上降低了扫描过程中因病人呼吸而导致的伪影，提高了 CT 图像的分辨率。

医学上为了区别不同类型组织间的细微差别，引入了 CT 值这一物理量。不同物质对 X 射线的衰减系数用 μ 来表示，CT 值是一个相对值，它是相对水对 X 射线的衰减系数 $\mu_水$ 来定义的，可表示为式（1.1）形式：

$$CT = \frac{\mu - \mu_水}{\mu_水} \times 1\,000 \tag{1.1}$$

CT 值的单位为 Hounsfield（HU），这个单位是为了纪念其发明者 Godfrey N. Hounsfield 而命名的，这位英国工程师也因此获得了 1979 年的诺贝尔生物医学奖。根据定义，水的 CT 值为 0。人体中密度最高的骨皮质吸收系数最大，因此其 CT 值被定义为+1 000 HU；而空气密度最低，其 CT 值被定义为-1 000 HU。人体密度不同的组织、骨骼、器官等的 CT 值在-1 000～+1 000 HU。例如，脑白质的 CT 值为 25～30 HU，松质骨的 CT 值为 130±100 HU，肝脏的 CT 值为 50～70 HU，肌肉的 CT 值为 40～80 HU，脂肪的 CT 值为-80～-20 HU，血液的 CT 值为 13～32 HU。

因 CT 成像检测快速、方便、安全、费用低以及对人体无创伤等优势，CT 诊断在医学应用中较为普遍。此外，CT 成像图片清晰，分辨率高，可形成三维可视图像等特点也进一步扩大了其应用范围。CT 成像对中枢神经系统疾病的诊断价值较高，此外其对头颈部、胸部、心脏、大血管、腹部、骨盆部以及骨关节等的疾病也具有很好的诊断价值，并且应用日益广泛。但 CT 成像也存在一些缺点，如难以发现密度变化微小或细胞水平上的早期病变，检测时如果被检测者运动或身体里有金属会产生伪影，且有电离辐射，不适合孕妇检查。

尽管 CT 成像具有较高的分辨率，但其仍然难以区分人体一些软组织的细微变化，这些软组织的 CT 值在 0～50 HU。因此，很多情况下需要造影剂的辅助。碘的原子序数较大且有很好的 X 射线衰减能力，因此含碘造影剂广泛应用于 CT 诊断，碘的诊疗应用可以追溯至 1920 年。碘酸钠是最早用于 CT 成像的造影剂，但碘酸钠的毒性限制了其临床应用。一些含碘 CT 造影剂的化学结构如图 1.1 所示，目前大多数含碘造影剂均为 1，3，5-三碘苯的衍生物。将羧基或氨基引入分子可以提高造影剂的生物相容性和水溶性。然而，这些含碘造影剂易被肾脏快速降解，使得成像时间急剧缩短。另外，这些造影剂在血管内外均有分布，导致原位成像效果差。为了解决以上问题，研究者们开发了胶束、聚合物以及脂质体等包裹的含碘造影剂用于增强 CT 成像。2007 年，Burke 等人开发了脂质体包裹碘海醇的造影系统用于肺栓塞成像，此造影系统可以在血液中循环 3 h 以上。2010 年，De Vries 等人设计合成了聚丁二烯-b-聚乙二醇（PBD-PEO）包裹的含碘 CT 造影剂，其具有优异的生物相容性与胶体稳定性，并且在血液中的半衰期可以达到 3 h。

随后，科学工作者们发现与含碘的小分子造影剂相比，相同质量浓度或浓度的一些纳米材料具有更加理想的 CT 成像能力，特别是纳米材料中包含高原子序数的元素，如：金（$Z=79$）、铂（$Z=78$）、钽（$Z=73$）、钨（$Z=74$）、铋（$Z=83$）以及镱（$Z=70$）等。金颗粒是最早用于 CT 成像的纳米粒子，也是被研究最多的 CT 造影剂。最早为美国 Nanoprobes 公司开发的直径为 1.9 nm 的金纳米粒子，其代谢特征和含碘造影剂类似，由于其代谢速率较慢，可以延长 CT 造影时间。随后各种形貌的金纳米粒子被用于 CT 成像。除金纳米粒子以外，镧系纳米粒子、氧化钽、氧化钨、硫化铋等也相继被用于 CT 成像。2011 年，Hyeon 等合成了纳米尺度均一的氧化钽纳米粒子用于 CT 成像，聚乙二醇和荧光染料被修饰于氧化钽表面以提高其生物相容性和生物荧光成像能力。制备的生物成像系统不仅可以较好地对淋巴结进行 CT 与荧光成像，而且不影响正常器官的功能。同年，Kinsella 开发了 LyP-1 肽修饰的硫化铋纳米粒子用于乳腺癌靶向成像，其能够在肿瘤内维持一周的成像时间，并且最终可通过粪便代谢出体外。

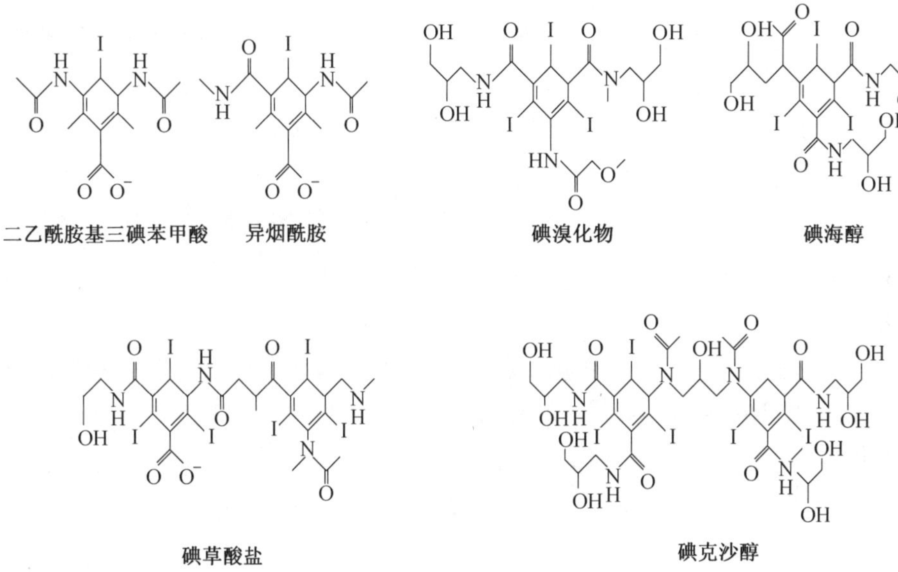

二乙酰胺基三碘苯甲酸 　　　　异烟酰胺 　　　　　　碘溴化物 　　　　　碘海醇

碘草酸盐 　　　　　　　　　　　碘克沙醇

图 1.1　一些含碘 CT 造影剂的化学结构

1.2.2　光声断层扫描成像

1880 年，美国人贝尔发现了光声效应。但当时科技发展水平有限，光声效应并没有得到有效的应用。光声断层扫描（PAT）成像是近二十年来发展起来的一种新型的成像诊断方法，它集光学成像的高对比度特性与超声成像的高穿透能力于一体，使用超声探测器检测光声波大小，从而消除了光散射的影响，提高了组织成像的分辨率与对比度。PAT 成像原理依赖于光热效应以及后续产生的超声波。当一束短脉冲激光照射到生物组织时，组织吸收体（如血红蛋白、黑色素以及肿瘤等）会吸收光能而升温，升温会导致吸收体进一步膨胀，同时伴随着超声波的产生。通过超声探测器接收超声波而产生计算机能识别的信号，计算机再对这些信号进一步重建而获得清晰的光声图像。光声技术在医学诊断中有着广泛的应用前景。利用 PAT 成像可以有效地研究生物组织结构、生理特征、病理特征以及代谢特征等。PAT 成像尤其适用于癌症的早期检测与治疗效果的评估。

PAT 成像整合了光学与声学的成像模式，因此其同时兼备光学成像与声学成像的优点。PAT 成像继承了光学成像的高对比度、对组织精确成像等优点，同时也具备声学成像深度较深、对深层组织成像分辨率高的优势。PAT 成像采用超声探测器检测光声波，因此有效避开了光学散射的影响。PAT 成像可以提供人体组织或器官的三维可视图像，从三维任意角度观察病变部位，可较早地诊断肿瘤。PAT 成像是一种非侵入式成像方式，并且对人体无电离损伤。此外，光声成像速度快、便捷、获得信息量大，因此更易被广泛推广与使用。PAT 成像一个重要缺点是其穿透深度的局限性，最深约能穿透 7 cm。但近些年来，大量新型光声造影剂的发现与合成进一步促进了 PAT 成像的发展。

光声造影剂可以提高 PAT 成像的深度与精确度，其主要可以分为 4 种类型，包括有机染料、等离子体纳米粒子、半导体类光热纳米粒子及多模式造影剂。一些有机染料最早被用于光声成像造影剂，包括吲哚菁绿（ICG）、亚甲基蓝、Alexa Fluor 750、Cypate-C18 等。其中，ICG 是一种被美国食品与药物管理局（FDA）批准的光声成像剂，它的最大吸收波长介于 600～900 nm 之间。2007 年，Kim 等合成了有机改性的硅酸盐（PEBBLEs）包裹的 ICG 纳米粒子用于肿瘤的 PAT 成像。制备的纳米粒子约 100 nm，可以有效对前列腺肿瘤细胞成像。通过靶向抗体（anti-Her-2/neu）的修饰，其对前列腺肿瘤细胞具有较好的靶向。Alexa Fluor 750 作为一种常见的近红外荧光染料也可用于光声成像。2008 年，Bhattacharyya 等人使用 Alexa Fluor 750 标记的赫塞汀抗体结合光声成像的方法用于评估肿瘤细胞表皮生长因子受体（Her-2 细胞）的表达量。通过改变染料与抗体间的相对比例，发现表达 Her-2 细胞的光声信号不仅随着染料与抗体的相对比例的增大而增强，而且随着细胞数量的增多而增强。一些贵金属如金、银、铂以及钯等因具有优异的光学吸收性能、表面等离子共振效应以及表面易于修饰等特性而被广泛地应用于光声造影剂。其中金和银纳米粒子是最典型且应用广泛的两种贵金属类光声造影剂。2006 年，Jain 等人指出纳米粒子的光声成像主要依靠纳米粒子的光学吸收特性，通过研究硅-金核壳结构、金纳米球以及金纳米棒，总结出 3 种纳米粒子的光学吸收特性主要与它们的大小、形貌以及是否为核壳结构相关。此外，由于可变的光学共振特性，纳米棒与纳米核壳结构材料更适用于体内 PAT 成像。除了一些贵金属光声成像剂，还有一些其他常见的光声造影剂，如聚吡咯纳米粒子、半导体硫化铜纳米粒子及氧化石墨烯等。2012 年，Ku 等人合成了平均粒径约 10 nm 的硫化铜纳米粒子用于深层组织的 PAT 成像。通过 1 064 nm 近红外光源的激发，硫化铜纳米粒子可以清晰地对小鼠大脑和淋巴结进行 PAT 成像。硫化铜纳米粒子甚至可以在鸡胸肉下 5 cm 处进行造影，分辨率可以达到约 800 μm，敏感度可以达到约 0.7 nmol/PX。2013 年，Zha 等人设计合成了直径约 46 nm 的聚吡咯纳米粒子用于 PAT 成像。其研究结果显示，聚吡咯纳米粒子可以在鸡胸肉下约 4.3 cm 处进行 PAT 成像，通过尾静脉将聚吡咯纳米粒注射到小鼠体内，由图 1.2 可以发现小鼠脑部血管比其血液中血红蛋白的光声信号更强，且合成的聚吡咯纳米粒子对小鼠的各个主要脏器均无明显损伤。

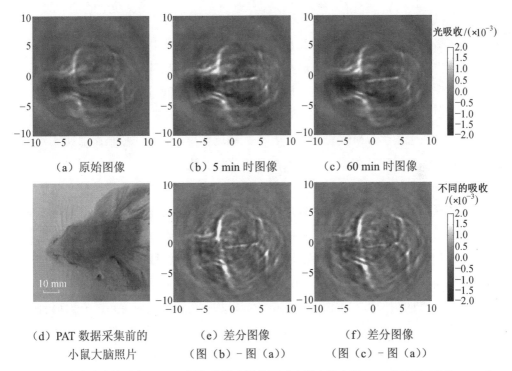

（a）原始图像　　　　（b）5 min 时图像　　　　（c）60 min 时图像

（d）PAT 数据采集前的
小鼠大脑照片

（e）差分图像
（图（b）－图（a））

（f）差分图像
（图（c）－图（a））

图 1.2　聚吡咯纳米粒子在 808 nm 近红外激光激发下对小鼠大脑内的 PAT 成像图（单位：mm）

随着医学影像诊断技术的进一步发展，医学工作者发现单一模式成像不能满足诊断的所有要求。超声成像、荧光成像、磁共振成像以及表面增强拉曼成像等虽然各具优势，但同时也存在一定的不足。为了提高诊断的精确性与全面性，医学工作者通常要综合不同的成像结果综合分析诊断。上述几种成像模式均能与 PAT 成像相结合，从而达到协同诊断的目的。因此，一些多模式成像造影剂应运而生。2014 年，Xi 等人合成了近红外荧光染料 NIR 830 修饰的超顺磁氧化铁纳米粒子作为乳腺癌细胞的靶向造影剂。由于 NIR 830 具有近红外荧光成像的能力，其可以作为近红外荧光成像剂，而超顺磁氧化铁具有较好的近红外吸收能力，因此可作为光声造影剂。另外，实验结果表明经过靶向剂修饰的造影剂对肿瘤的成像能力是非靶向剂修饰造影剂的 4～10 倍，并且成像深度可达 10 cm。

1.2.3 磁共振成像

磁共振成像（MRI）的发展离不开两个重要历史事件。事件一：1946 年，美国科学家布洛赫和珀塞尔分别独立在自己实验室发现了核磁共振现象，MRI 的原理即依据这一物理现象。因此，他们获得了 1952 年的诺贝尔物理学奖。事件二：1972 年，美国科学家劳特布尔开发了一套对核磁共振信号进行空间编码的方法，并将 MRI 技术推广到更广阔的领域，因此，他和英国科学家曼斯菲尔德共同获得了 2003 年的诺贝尔生理学或医学奖。MRI 原理为：在外加磁场作用下，原子核自旋取向从无序到有序，自旋系统的磁化矢量逐渐增大直到磁化强度达到稳定值。此时利用一定频率的射频激发原子核而引发共振现象。当射频信号停止后，系统无法维持当前状态而恢复磁场原来的排列状态，同时释放出电信号，将这些射电信号搜集并检测便可得到运动中的原子核分区图像，即 MRI 图像。原子核从激化态恢复到平衡态的过程称为弛豫过程。这一过程所需的时间称为弛豫时间。弛豫时间可分为两种，即自旋-点阵或纵向弛豫时间 T_1，自旋-自旋或横向弛豫时间 T_2。

MRI 得到的图像为灰阶图像，图像的标尺从白色、灰色到黑色。一般而言，磁共振信号的特点是信号越强，图像越亮；反之信号越弱，图像也越暗。人体不同组织器官具有不同的成像特点，例如：松质骨与脂肪组织的磁共振信号最强而呈现白色；骨髓与脑脊髓信号稍弱而呈现白灰色；肌肉与内脏信号更弱而呈现灰白色；肺、骨皮质以及体内气体信号最弱而呈现黑色。人体血液的磁共振图像也呈现黑色，这是由核磁共振的流动空白效应造成的，即流动液体不产生磁共振信号。磁共振成像可以用于全身各个系统疾病的诊断，但更适用于颅脑、脊髓、心脏大血管、关节骨骼、软组织以及盆腔等的诊断。

MRI 作为常用的医学诊断手段，具有很多优点。首先，与其他医学成像技术相比，MRI 对软组织的分辨率最高，可以清楚地区分肌肉、筋膜与脂肪等软组织。其次，MRI 具有任意方向的直接切层能力，因此，其在不改变检测者体位的情况下就可以从各个方位检测人体的各个部位。另外，MRI 检测时无射线产生，属于无侵害的一种检测方式。MRI 参数较多，因此可以提供更加精确的诊断信息。

同时，MRI 也有一些缺点和不足，例如：一些疾病仅通过 MRI 很难确诊，通常需要通过多重成像技术进一步确诊；MRI 对人体的一些部位（肺、肝脏、前列腺等）的检查效果和 X 射线或 CT 成像的检查效果基本相同，但是其价格却较昂贵；体内含有金属器件（心脏起搏器等）的患者不适宜做 MRI 检查。

虽然 MRI 有以上诸多优点，但其固有的相对较低的灵敏度也限制了其进一步发展。例如，MRI 对于早期的肿瘤或细小的人体组织的变化区分不明显，为了解决 MRI 的这一缺陷，一些磁性的纳米粒子被用作 MRI 的造影剂。磁共振的弛豫时间分为 T_1 和 T_2，因此相对应的 MRI 剂也分为 T_1 造影剂与 T_2 造影剂，其分别具有相应的弛豫系数 r_1 与 r_2（单位为 $mmol^{-1} \cdot S^{-1}$）。理想的造影剂应具有较高的弛豫系数，即 r 值。通常用于 MRI 的纳米粒子包括氧化铁（Fe_3O_4、Fe_2O_3 等）、氧化锰（Mn_2O_3、MnO 等）、氧化钆（Gd_2O_3 等）以及基于钆的其他一些纳米粒子。研究者们通过改变合成纳米粒子的形貌、稳定性以及单分散性来调节成像剂的物理化学性质，从而达到更优异的成像效果。在不同种类的氧化铁纳米粒子中，四氧化三铁因具有独特的化学性质与磁稳定性以及较低的生物毒性而被广泛应用于医学核磁诊断领域。Cheng 等人合成了粒径大小为 9 nm 并具有良好分散性的超顺磁性四氧化三铁纳米粒子。猴肾脏细胞 Cos-7 被用来衡量磁性四氧化三铁纳米粒子的细胞活性与增殖效果。发现当铁离子浓度为 0.92 mol/L 时，其对细胞无明显毒性。此外，合成的磁性四氧化三铁纳米粒子具有较好的 T_2 与 T_2^* MRI 增强效果。氧化锰纳米粒子通常被用于 T_1 成像，Hyeon 课题组最早报道了氧化锰纳米粒子可以用于各种生物组织与器官 T_1 成像对比增强剂。Shin 等报道了一种粒径大小为 20 nm 的空心氧化锰纳米粒子，不仅可以用于小鼠大脑 T_1 和 T_2 双重模式 MRI 剂，而且该纳米粒子的空心部分还可以装载抗癌药物盐酸阿霉素。在各种各样的 MRI 剂中，含钆成像剂的使用最为广泛，这是由于其具有更强的超顺磁特性。与其他金属离子相比，三价钆具有 7 个未成对的 4f 电子，因此可以产生更大的电子磁矩。目前，一些商业化的钆造影剂主要包括 Gd-DTPA、Gd-DOTA 以及 Gd-HP-DO$_3$A 等。但是，越来越多的研究发现合成的三氧化二钆纳米粒子与一些商业钆造影剂相比，不仅具有更高的弛豫系数 r_1，而且还具有更易于靶向剂修饰的表面。Bridot 等人报道了一种聚硅氧烷壳包裹的三氧化二钆纳米诊断系统，聚硅氧烷壳内层用有机染料修饰可以用于荧光成像，外层用聚乙二醇（PEG）修饰可以提高整个纳米系统在体内的生物相容性，该纳米系统可以用于磁共振和荧光双重成像，且还比商用磁共振造影剂 Gd-DOTA 具有更强的磁共振对比增强效果。

1.2.4 正电子发射断层扫描成像

相比于 CT 成像与 MRI 成像，正电子发射断层扫描（PET）成像发展时间较晚。PET 成像是随着这些断层技术的不断完善而逐步被应用到核医学领域的一种成像诊断手段。PET 成像的原理是将带正电荷的放射性造影剂引入人体，造影剂在衰变的过程中会发射带正电的电子，这些带正电荷的电子与人体内带负电的电子作用而发生淹没辐射效应。淹没辐射效应会产生 γ 光子，通过仪器的探头采集这些光子，进一步通过计算机处理，不仅可以得到人体的三维断层扫描图像，而且还能给出定量的人体生理参数，可用于研究和分析人体生理、生化、病理以及解剖信息等。PET 成像在临床的应用非常广泛，尤其适用于神经病学、精神病学、心脏病学以及肿瘤学等方面。例如，PET 成像能准确区分肿瘤的恶性程度、检测有无癌细胞转移、判断放疗或化疗的效果以及发病源头。

相比于其他成像模式，PET 成像具有显著的优势。首先，PET 成像灵敏度要高于其他成像模式。当一些疾病（例如：肿瘤）还处于早期阶段（分子水平）时，由于病变区形态结构还没有形成，MRI、CT 成像、PAT 成像等成像手段还无法精确诊断，但 PET 成像可以对其准确诊断，通过 PET 成像不仅能获得清晰的三维图像，还能定量的分析。其次，PET 成像的特异性强。MRI、CT 成像、PAT 成像等成像手段很难判断肿瘤的性质，但 PET 成像可以根据恶性肿瘤具有高代谢的特点来进行判断。另外，PET 成像具有全身成像的特点，MRI、CT 成像、PAT 成像等一般是局部成像，而进行一次 PET 测试,可以获得全身的 PET 图像。此外,PET 成像安全性较高。PET检查时需要的示踪剂含量很少,而且这些示踪剂的半衰期都较短,一般为 12～120 min,这些示踪剂可以随着本身的物理衰减和人体生物代谢而快速排出体外。PET成像的主要缺点是空间分辨率低以及检测费用高。

与 MRI、CT 成像、PAT 成像等成像模式不同,PET 成像必须有放射性元素的辅助,常用的 PET 造影剂主要含 ^{11}C、^{13}N、^{15}O、^{18}F、^{64}Cu、^{68}Ga、^{76}Br 以及 ^{124}I 等放射性元素。因为碳元素是组成人体最基本的元素,因此 ^{11}C 是一种应用最广泛的 PET成像示踪剂。2009 年,据 Hellman 课题组报道,神经内分泌肿瘤由于很小且很难在一个部位停留,因此不易被检测,但使用 ^{11}C 标记的 5-羟色胺酸对神经内分泌肿瘤标记后,对神经内分泌肿瘤患者进行 PET 成像诊断,诊断灵敏度可以达到 83.8%。氟元素虽然不是生物分子的一种基本元素,但用氟元素替换氢元素或羟基常常应用于取代反应中。[^{18}F]FED 是应用最广泛的肿瘤成像 PET 示踪剂。[^{18}F]FED 是通过细胞质膜葡萄糖转运蛋白而进入细胞,而多数肿瘤细胞都具有更多的葡萄糖转运蛋白,因此[^{18}F]FED 更容易进入肿瘤细胞。2001 年,Gould 等人利用[^{18}F]FED 研究肺部病变,包括肺部结节和肺肿块,该研究对象的年龄在 55.5～70.8 岁,经计算诊断灵敏度可以达到 94.2%。^{64}Cu 的半衰期为 12 h 左右,近些年利用其作为肿瘤成像 PET 示踪剂的报道逐渐增多。2014 年,Sun 等人通过化学还原的方法成功地将 ^{64}Cu 修饰到不同形貌的金纳米粒子的表面;进一步采用该方法,将 ^{64}Cu 修饰到 RGD-Au 纳米棒表面用于肿瘤光热治疗与 PET 成像,通过 PET 成像可以观察到这些纳米粒子对胶质瘤模型小鼠具有较好的靶向性。2015 年,Liu 等人成功将功能化的超顺磁性氧化铁纳米粒子组装到二维氧化钼纳米片上,再进一步将 ^{64}Cu 在不含耦合剂的条件下成功地吸附到纳米组装体上,最终得到的纳米粒子可以用于 PET 成像、PAT 成像和 MRI三重成像介导的肿瘤光热治疗。

1.3 肿瘤的光治疗

目前,科研人员们致力于寻找降低治疗费用、增强治疗效果、减小对人体侵害和副作用的肿瘤精准治疗方案。光治疗方法作为一种新兴的抗肿瘤手段,通常采用近红外光进行治疗,这是由人体的内发色团(如血红蛋白与黑色素等)在近红外光区吸收较小，近红外光对生物体组织的穿透能力较强（功率为 0.5 W/cm² 的 980 nm 激光可以穿透约 8 mm 组织）决定的。光治疗又分为光热治疗与光动力治疗，这两种治疗方法分别需要光热剂与光敏剂的辅助才能实现最佳的治疗效果。光热治疗与光动力治疗的机理不同，光热治疗主要包括过高热和热消融两种机理，光动力治疗机制主要包括 I 型和 II 型。下面将详细介绍光热治疗与光动力治疗在肿瘤治疗中的应用。

1.3.1　光热治疗

肿瘤的热疗起源于 19 世纪的欧洲，而肿瘤的光热治疗（PTT）在 1995 年才开始有比较系统的报道。PTT 作为一种新型的治疗方法在肿瘤的治疗领域具有潜在的应用价值。PTT 的过程为：首先，使具有较好光热转换效率的有机分子或纳米材料（光热剂）主动或被动靶向富集到肿瘤区域。继而，选择合适的近红外激光光源对肿瘤区域进行一定时间的照射，光热剂会将光能转化为热能，使肿瘤部位产生局部高温，从而使肿瘤被抑制或消融。PTT 能够高效地杀死肿瘤细胞，除了得益于其可以精准地将激光光源对准肿瘤区域外，还与肿瘤区域畸形的血管有密切关系。肿瘤组织可以无限增殖，因此肿瘤组织的生长速度远远超过了其周围血管的生长速度，从而导致其周围血管的生长畸形。当一束激光照射到肿瘤区域时，肿瘤周围的健康组织也会升温，但由于健康组织的血管发育正常，血流流速较快，因此可以很快将热量带走。相反，肿瘤自身的畸形血管则很难将热量带走，从而造成肿瘤与周围健康组织有较大的温差，最终造成大量的肿瘤细胞死亡而对周围健康组织影响较小。此外，肿瘤的畸形生长还造成了肿瘤血管有小孔或断口，根据肿瘤种类的不同，这些小孔或断口直径为 100 nm～1 μm，而正常血管则有更为致密的超小的孔（直径为 5～10 nm）。肿瘤血管的这一特点使一些直径在 20～500 nm 的纳米材料在流经肿瘤血管时具有增强的渗透能力。另外，肿瘤血管缺少功能性的淋巴引流，因此纳米材料一旦渗透到肿瘤区域就很难被有效地清除而滞留在肿瘤部位。这一现象，被称之为高通透性与滞留（EPR）效应，也被称之为被动靶向作用。PTT 致肿瘤细胞死亡的机理可以分为过高热与热消融两种。过高热是指当把肿瘤细胞直接置于 41～47 ℃ 环境时，造成肿瘤细胞在一小时至数小时死亡的现象。在过高热过程中，肿瘤细胞的亚显微结构，如细胞膜、细胞骨架、线粒体以及核酸等，都会受到热损伤而丧失相应的功能。这些变化会促使肿瘤细胞凋亡，进一步导致其死亡。当温度进一步升高到 48 ℃以上时，肿瘤细胞已经无法自身调节温度而发生不可逆转的损伤，这个过程称之为热消融。热消融可能在短短的几分钟发生，造成细胞膜被严重破坏，细胞内的物质流出，使细胞蛋白质变性、DNA 损伤，从而使肿瘤细胞完全丧失活性。

近红外光通常被选择作为 PTT 的光源，这是由于与可见光或紫外光相比，近红外光具有更强的组织穿透能力，且相关研究表明生物组织对近红外光的吸收和散射能力都较低。其中，近红外光又分为两个生物窗口，"第一生物窗口"包括波长为 650～950 nm 的近红外光，"第二生物窗口"包括波长为 1 000～1 350 nm 的近红外光。在这两个范围内的近红外光，人的血液、皮肤以及脂肪对它们的吸收最少（近红外光的最佳生物窗口如图 1.3 所示）。

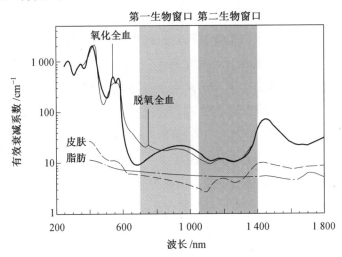

图 1.3　近红外光的最佳生物窗口

目前研究表明"第二生物窗口"要优于"第一生物窗口"，这是由于生物体本身在"第一生物窗口"有较强的自发荧光而对成像背景造成噪声干扰。另外，"第一生物窗口"的近红外光穿透生物体的深度为 1～2 cm，限制了其在更深组织的应用，而"第二生物窗口"的穿透深度可达约 4 cm。PTT 主要依赖于光热剂，开发具有近红外吸收功能的光热剂具有十分重要的意义。常见的光热剂主要包括贵金属纳米材料、碳纳米材料、一些有机纳米材料以及无机半导体纳米材料等。目前被报道的贵金属光热剂包括金、银、铂以及钯纳米粒子等。2010 年，Chen 等人使用边长约为

45 nm 的金纳米笼作为光热剂，经 PEG 修饰后对肿瘤具有较强的 EPR 效应，该纳米材料通过 ^{18}F-FDG 示踪剂标记后，可以清晰地观察到其在肿瘤区域的富集。2013 年，Manikandan 等人合成了直径为 1～21 nm 的 5 种铂纳米粒子用于神经母细胞瘤的治疗。在 1 064 nm 的近红外光照射下，合成的 5 种铂纳米粒子可以有效地杀灭神经母瘤细胞，并进一步结合光学显微镜、台盼蓝染色、噻唑蓝以及电感耦合等离子体质谱等方法系统地研究了该材料的毒性与生物相容性。2014 年，Thompson 等人报道了一种快速合成的最大吸收值为 800 nm 的银纳米粒子用于乳腺肿瘤细胞的治疗，在实验中发现银纳米粒子进行 PTT 的有效质量浓度为 20～250 μg/mL。

碳纳米材料作为光热剂也被广泛报道，其中关于纳米氧化石墨烯与碳量子点的研究最多。2013 年，Sahu 等人报道了一种修饰了 F127 的纳米氧化石墨烯装载亚甲基蓝用于光热与光动力治疗体系，在这个体系中，亚甲基蓝作为光敏剂，纳米氧化石墨烯不仅作为光热剂，还作为亚甲基蓝的载体。这一纳米系统具有较好的生物相容性与稳定性。此外，合成的纳米系统更容易被肿瘤细胞摄取并表现出对酸性肿瘤区域敏感而释放亚甲基蓝的性质。2015 年，Ge 等人设计并合成了具有红色荧光的碳量子点用于荧光与光声成像介导的 PTT。合成的碳量子生物毒性较小，其在波长为 400～750 nm 范围内具有全光谱的吸收特性，其光热转化效率可达 38.5%。

由有机物组成的纳米光热剂的报道较少，这是因为具有近红外光吸收的有机纳米材料不易被合成。其中，被报道最多的两种有机聚合物是聚吡咯（PPy）和聚多巴胺（PDA）。2013 年，Song 等人利用具有近红外吸收的 PPy 包裹超顺磁性氧化铁（IONP），得到 IONP@PPy 核壳结构，进一步通过层层自组装的方法将 PEG 修饰在核壳结构表面，最终形成的 IONP@PPy-PEG 经尾静脉注射到小鼠体内后，合成体系不仅具有磁共振与光声双重成像能力，而且产生的光热效应对肿瘤具有显著的消融效果。2014 年，Zhong 等人通过原位自聚的方法将 PDA 修饰到四氧化三铁（Fe_3O_4）表面，形成 Fe_3O_4@PDA 核壳结构，由于 PDA 具有较好的近红外吸收能力、较高的荧光淬灭效率以及表面易于修饰等优点，其可应用于磁共振与光声成像介导的 PTT。

被报道最多的光热剂为无机半导体材料。近年来随着 PTT 领域的不断发展，越来越多新颖的无机纳米半导体材料被用于 PTT，其中包括硫化铜（CuS）、硒化铜（$Cu_{2-x}Se$）、硫化钽（TaS_2）、氧化钨（$W_{18}O_{49}$）、硫化钨（WS_2）、氧缺陷型二氧化钛（TiO_{2-x}）、硫化铋（Bi_2S_3）、硒化铋（Bi_2Se_3）等。2015 年，Deng 等将光敏剂吲

哚菁绿修饰到 $W_{18}O_{49}$ 表面，$W_{18}O_{49}$ 作为光热剂，而吲哚菁绿作为光敏剂，在 808 nm 近红外激光照射下，光热与光动力治疗能起到协同作用。2016 年，Zhang 等人采用水相法合成了超小的 $Cu_{2-x}Se$ 纳米粒子（3.6 nm±0.3 nm），进一步将巯基聚乙二醇修饰到其表面用于提高材料的水溶性、稳定性以及生物相容性，最终合成的纳米系统不仅可以用于光声成像介导的 PTT，还可以用于 ^{99m}Tc 标记的单光子发射计算机断层（SPECT）成像。同一年，Mao 等人报道了一种超小的牛血清蛋白修饰的 Bi_2Se_3 纳米粒子用于多重模式成像介导的光热与放射线协同治疗。Bi_2Se_3 具有较高的光热转化效率（50.7%）以及对 X 射线的敏感度，因此可以将其用于 PTT 与放射线治疗。Bi_2Se_3 具有较强的近红外吸收能力，可以用于 PAT 成像，铋元素原子序数高（83），还可以用于 CT 成像。此外，通过 ^{99m}Tc 的标记，该纳米系统还可以用于 SPECT 成像。综上所述，虽然目前各种新型的光热剂不断涌现，但这些光热剂所具有的相应功能较少，通常需要引入功能化材料或分子才能实现较为理想的诊疗效果，因此，开发具有多重功能于一体的光热材料仍然面临着重大挑战。

1.3.2 光动力治疗

光动力治疗（PDT）起源于 20 世纪 70 年代末，它是治疗恶性肿瘤的一种颇具潜力的微创手段。PDT 的基本过程是：光敏剂首先富集到肿瘤区域，继而使用光源对肿瘤部位进行照射，非毒性的光敏剂将其激发的三重态能量或氢原子转移给其他物质或周围的分子氧，进一步产生对肿瘤细胞具有毒性的活性氧物质（ROS），它们会氧化肿瘤细胞，使其稳态或离子运输被破坏，最终抑制或治愈肿瘤。PDT 的机制主要为 I 型或 II 型。I 型机制：光敏剂直接与细胞膜或细胞内的分子反应，并转移一个氢原子给细胞膜或细胞内的分子而形成自由基。II 型机制：激发态的光敏剂与三重态氧（$^3O_2$）发生能量转移，从而产生一系列的 ROS，包括羟基自由基、超氧根离子以及单线态氧等。PDT 的优势在于其治疗效果仅发生在光照区域，从而减小了对健康组织的损伤。此外 PDT 还具有对人体无长期损害以及减少病人治疗过程中的痛苦等优点。PDT 的深度取决于选取激光的波长，波长越长，其穿透组织的深度越深。然而，目前绝大多数的光敏剂只能被短波长的紫外光或可见光激发，这一现状制约了 PDT 的发展。因此，近年来广大的科研工作者们都在开发能被近红外光激发的光敏剂。

目前，常用的有机光敏剂包括氟硼荧类染料、花菁染料以及酞菁染料等。其中氟硼荧类染料是被研究最多的有机光敏剂，它符合光动力治疗的基本要求，如较高的光稳定性、较大的消光系数以及易控制的光物理特性。氟硼荧类染料通常不能被近红外光激发而产生 PDT 效果，因为其最大的吸收波长位于可见光区。但如果对氟硼荧类染料进行一些有机官能团修饰也可以将其最大吸收波长增大到 700 nm。2016 年，Huang 等合成了最大吸收波长位于 760 nm 的双-苯乙烯基修饰的氟硼荧类染料，进一步将修饰的氟硼荧类染料包裹在 DSPE-mPEG5000 内部，最终合成的材料由于分子间作用力而使其最大吸收波长位于 775 nm。在 730 nm 的激光照射下，修饰的氟硼荧类染料可用作在酸性条件下激活的光敏剂，其产生的单线态氧可以有效杀死肿瘤细胞。目前，许多花菁染料在近红外光照射下都可以产生单线态氧，如 IR780、IR820 以及 ICG 等。为了提高 ROS 的产生效率，人们开发出重金属-溴取代的花菁染料 Br-IR808 以及碘派生的花菁染料 IR783。2014 年，Sheng 等人合成了人血清蛋白（HSA）包裹的 ICG 智能纳米系统用于肿瘤的诊断。如图 1.4 所示，得到的 HSA-ICG 纳米粒子具有增强的细胞摄取及靶向能力。此外，凭借 ICG 的多重功能，该智能纳米系统还能实现荧光/光声成像介导的精准 PDT。

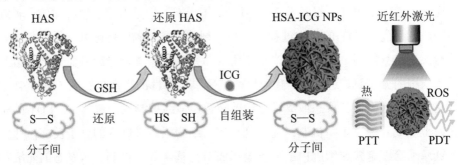

图 1.4　在近红外光照射下 HSA-ICG 纳米粒子自组装策略与其光动力/光热治疗示意图

酞菁染料具有类似卟啉的化学结构，虽然一些酞菁染料能够有效产生单线态氧，但其最大吸收波长仍在 670 nm 附近。因此，酞菁染料用于近红外光激发的光敏剂鲜有报道。2013 年，Peng 等人合成了直径为 35 nm 的纳米空心二氧化硅球装载酞菁染料（Pc@HSNs），Pc@HSNs 在 760 nm 附近有较强的吸收。因此，在 730 nm 激光照射下，Pc@HSNs 可以作为高效的光敏剂。

尽管上述有机染料具有一定的应用优越性，但它们较低的消光系数和易被光漂白等缺点限制了其在生物医学领域的进一步发展与应用。因此，一些无机纳米粒子，如金纳米粒子、一些碳材料、过渡金属氧化物、硫化铜等，由于能克服有机染料的一些缺点而被广泛地应用于 PDT 领域。

金纳米粒子具有局部等离子体共振（LSPR）效应，通过调整金纳米粒子的形貌和结构可以将其 LSPR 峰调节到近红外光区。在近红外光的照射下，金纳米粒子不仅具有光热效应，还具有光动力效果。2014 年，Vankayala 等人首次报道，金棒在较低功率密度的近红外激光（波长为 915 nm，功率密度<130 mW/cm^2）照射下能够产生单线态氧而杀灭肿瘤细胞。通过小鼠体内实验，发现金棒在 915 nm 近红外光照射下可以有效地消融 B16F0 黑色素瘤，并且其治疗效果要优于单纯的抗癌药物盐酸阿霉素。另外，一些碳材料包括碳纳米管、氧化石墨烯以及富勒烯等被用作光敏剂治疗肿瘤。2016 年，Kalluru 等人首次报道了纳米氧化石墨烯在 980 nm 近红外激光照射下可以同时产生光热与光动力治疗效果，通过体内实验证明了在较低的功率密度下（0.36 W/cm^2），纳米氧化石墨烯可以治愈 B16F0 黑色素瘤荷瘤小鼠。此外，一些过渡金属氧化物如氧化钼、氧化钨、还原态的二氧化钛等在近红外光区均具有较强的 LSPR 效应。在近红外光照射下，它们能产生单线态氧，因此这些过渡金属氧化物可以用于 PDT。2015 年。Qiu 等人通过溶剂热方法合成了基于氧化钨纳米线的多功能诊疗系统，在 980 nm 激光照射下，可以有效地产生光热与光动力效果，此外由于钨元素的原子序数较高，其还可以用作 CT 造影剂。2016 年，Mou 等人使用铝还原法合成了黑色的二氧化钛，在近红外光照射下，PEG 功能化的黑色二氧化钛可实现 PTT 与 PDT 的协同治疗。此外，该纳米系统还具有近红外成像与 PAT 成像的能力。综上所述，虽然目前可用于 PDT 的有机光敏剂较多，但这些有机光敏剂具有易被光漂白且最大吸收波长不在近红外光区等缺点，尽管一些无机光敏剂克服了上述有机光敏剂的缺点，但目前可用于 PDT 的无机光敏剂却很少，因此，开发新型无机光敏剂意义重大。

1.3.3 光热与光动力协同治疗

从 PTT 的原理可以看出其是一种非氧依赖型的治疗方法。图 1.5 表明了 PTT 与 PDF 协同治疗的原理，从中可以看出 PTT 的效果随时间的增加而逐渐增强，而绝大多数的 PDT 都属于氧依赖型的治疗方法。因此，PDT 过程正与 PTT 过程相反，随着治疗过程中组织氧被大量消耗，其治疗效果也逐渐减弱。另外，PTT 可以加快肿瘤部位的血流速度，因此可以为 PDT 提供更多的氧。与此同时，组织氧的消耗虽然影响 PDT 效果，但却对 PTT 无任何影响。因此，PTT 与 PDT 协同治疗（后文写作"PTT/PDT 协同治疗"）具有潜在的应用优势。

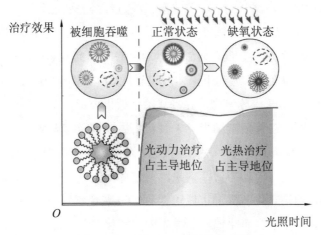

图 1.5　PTT 与 PDT 协同治疗的原理

大量的科研工作者们致力于开发出新型、对人体低侵害以及具有应用前景的 PTT/PDT 协同治疗体系。2013 年，Lin 首先合成了金纳米粒子组装的囊泡，金囊泡在 650~800 nm 对光有较好的吸收，为了实现 PTT/PDT 协同治疗，Ce6 被载入金囊泡中。在 670 nm 的激光照射下，该纳米系统可以实现对乳腺癌的 PTT/PDT 协同治疗。但在这个体系中，为了实现在单一波长近光红外照射下同时产生 PTT 效果与 PDT 效果，利用波长较短的 670 nm 的近红外光作为光源，鉴于光的穿透能力与波长成正比，因此这一治疗体系所选用的光源无法实现对深层组织的治疗。2015 年，Song 等人使用牛血清白蛋白（BSA）作为稳定剂合成了 PPy 纳米粒子，通过与光敏剂 Ce6 共轭得到 PPy@BSA-Ce6 纳米系统，合成的 PPy@BSA-Ce6 具有较低的细胞毒性，分别使用 808 nm 与 660 nm 激光照射 PPy@BSA-Ce6 可以实现 PTT/PDT 协同治疗。但在这个治疗体系中，光敏剂与光热剂对光的吸收端不一致，因此需要两个独立的光源分别引发 PDT 与 PTT，而实际操作中很难将两个独立光源精确地对焦于一个位置。2016 年，Han 等人报道了一种空心硫化铜纳米粒子装载光敏剂吲哚菁绿染料实现了 PTT/PDT 协同治疗体系。在波长为 808 nm 激光照射下，该治疗系统具有较好的光热性能和产生单线态氧的能力，因此能够有效杀死肿瘤细胞。此外，通过对该材料表面进行叶酸修饰后，其对宫颈瘤细胞（HeLa 细胞）具有较好的靶向性。这个治疗系统虽然可以使用波长较长的单一近红外光治疗，但使用的光敏剂吲哚菁绿却易被热漂白而丧失光动力效果。针对这一问题，Vijayaraghavan 等人使用单一的海胆状的金纳米粒子实现了在"第一生物窗口"（915 nm 激光）或"第二生物窗口"（1 064 nm 激光）的 PTT/PDT 协同治疗。2015 年，He 等人制备了介孔二氧化硅包裹的上转换纳米粒子（UCNPs@MS），利用介孔二氧化硅的孔道装载金纳米簇（Au$_{25}$），实现了在单一近红外光（808 nm）照射下 PTT/PDT 协同治疗。UCNPs@MS-Au$_{25}$-PEG 的合成过程及其表征如图 1.6 所示，合成的材料具有单一分散的结构，不仅具有 PTT/PDT 协同治疗效果，还兼备 PAT 成像与荧光成像功能。

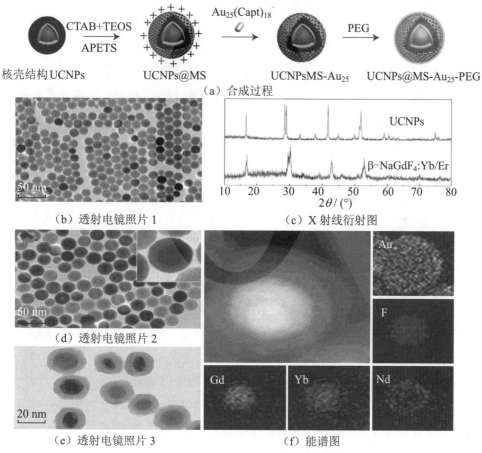

图 1.6　UCNPs@MS-Au$_{25}$-PEG 的合成过程及其表征

2022 年，Cui 等人通过生物合成法制备了超小的硒化锰纳米粒子。由于硒化锰纳米粒子超小的粒径与良好的水溶性，其具有较高的纵向弛豫特性。此外，细胞实验、组织学分析以及体重结果表明其对细胞与生物体没有明显的毒性。

1.4 肿瘤的诊疗一体化研究

诊疗一体化即将疾病的诊断与治疗同步合二为一，这为攻克癌症这一世界性难题开拓了新的思路和方向。诊疗一体化的优势在于其不仅能够增强肿瘤的治疗效果、提高肿瘤治疗效率、减轻病人痛苦，还能对肿瘤进行早期检测和实时监控，便于在治疗过程中实时调控治疗方法以及评价疗效。诊疗一体化的目标是实现"精准"与"高效"治疗。纳米医学的蓬勃发展为肿瘤的诊疗一体化目标的实现提供了可靠保障。研究者们通过优化材料，设计与制备了大量稳定、高效和安全的纳米材料，利用纳米材料自身或结合抗癌药物、免疫抗体以及高精准度的肿瘤诊断探针等，最终实现药物的靶向运输、活体示踪、药物治疗、免疫治疗、治疗引导以及愈后监测等多重功能于一体的诊疗体系。虽然关于诊疗一体化研究已经历时近 20 年，但其仍处于临床的初级阶段。因此，在精准医疗这一新的时代背景下，仍需大量研究者们致力于这一研究领域，不断提高诊疗体系的生物相容性、增加诊疗剂的多样性，加强对不同肿瘤的特异性诊疗，以及深入研究诊疗体系的抗肿瘤机制与代谢特征等。

近 10 多年来，随着科技的进步与生物医学领域的不断发展，诊疗一体化已成为生物医学领域出现频率较高的关键词。在 Web of Science 数据库中，以 "theranostic"作为关键词检索，截至 2022 年 4 月 22 日，获得了如图 1.7 所示的引文报告。

从报告中可以看出，从 2001 年就开始有关于诊疗一体化的文章发表。在 2001～2009 年间，诊疗一体化处于缓慢发展的阶段，每年发表的论文数和每年的引文数都处于较低水平。自 2010 年起，随着各种新型成像技术的出现以及各国对诊疗一体化科研经费投入的增加，每年发表的论文数和引文数逐年迅速增加。在 2018 年以后，发表的诊疗一体化论文数增长速度变缓，可能是由于可用于诊疗一体化的材料被"过度"开发以及目前的成像手段相对局限所致，但关于诊疗一体化的文章仍然会逐年增加，这是由于许多国内外的课题组都在致力于该领域的研究。

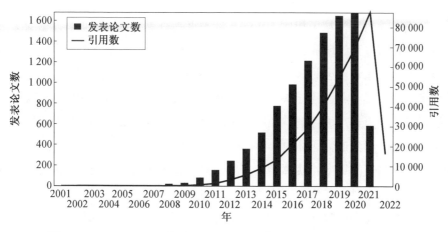

图 1.7 Web of Science 中以"theranostic"作为关键词获得的引文报告

2016 年，Wen 等人报道了一种超小并具有良好生物相容性的氧缺陷型氧化钨（WO$_{3-x}$）量子点（1.1 nm±0.3 nm）用于肿瘤多模式成像与 PTT/放疗协同治疗（图 1.8）。

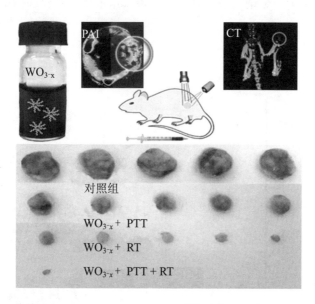

图 1.8 WO$_{3-x}$量子点（1.1 nm±0.3 nm）用于肿瘤多模式成像与 PTT/放疗协同治疗

与粒径较大的纳米粒子相比，WO_{3-x} 量子点具有更长的血液循环半衰期，由于其不易被网状内皮系统所捕获，因此更易到达肿瘤区域。由于 WO_{3-x} 量子点含有原子序数较大的钨元素，因此其可以作为 CT 造影剂，经尾静脉注射后，肿瘤区域的信号强度约增大了 3 倍。由于 WO_{3-x} 量子点在近红外光区具有较强的 LSPR 效应，因此其还可以作为光声成像剂。经尾静脉注射后，注射后 2 h 的时候 WO_{3-x} 量子点在肿瘤处的信号达到最大。体内实验结果表明，仅光照或放射线结合 WO_{3-x} 量子点进行体内治疗均无法彻底将实体肿瘤消融，只有将光照与放射线一起并结合 WO_{3-x} 量子同时进行治疗时，实体肿瘤才能完全消融。

美国国立卫生研究院（NIH）Chen 课题组发现血液中的纳米粒子由于被单核吞噬细胞系统（MPS）清除而导致大量的纳米粒子富集在肝脏和脾脏。如图 1.9 所示，实验选用大小接近但不同形状的金纳米材料，包括金纳米环、金纳米球和金纳米盘。使用 ^{64}Cu 对 3 种金纳米材料表面进行标记后，将这 3 种金纳米材料分别经尾静脉注射到小鼠体内后，通过 PET 成像检测并对比 3 种材料在小鼠肝脏、脾、心脏以及肿瘤的分布。结果显示，金纳米环被肝脏与脾摄取量最少，却在肿瘤部位有最大的富集量。

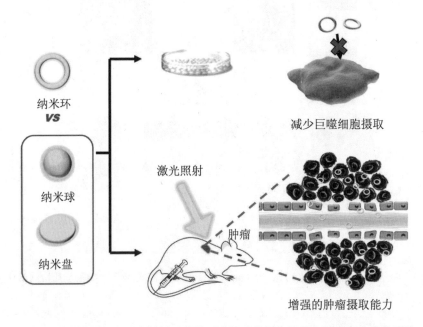

图 1.9　不同形状的金纳米材料对单核巨噬细胞的摄取及其在肿瘤富集量的影响

由于金纳米环有较强的近红外光吸收能力，因此可以作为光声成像剂，经尾静脉注射 24 h 后，肿瘤部位光声信号强度是注射前的 7.7 倍。此外，金纳米环在 PET 成像与 PAT 成像的介导下，结合 808 nm 近红外激光的照射，对荷瘤小鼠具有显著的抗肿瘤治疗效果。治疗后的 2 周内，肿瘤完全消融且在一个月内治疗组无死亡。

多功能可生物降解的无机纳米诊疗剂激发了纳米医药领域的广泛兴趣。如图 1.10 所示，2017 年 Chen 等人用脂质体（DOPA）作为表面修饰剂，二硫化钒（VS$_2$）纳米片通过超声可以转化为平均直径为 35 nm 的 VS$_2$@DOTA 纳米粒子，进一步加入 PEG 修饰的脂质体，在超声条件下可以形成 VS$_2$@lipid-PEG 纳米粒子。

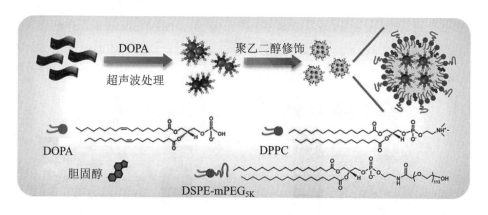

图 1.10　VS$_2$@lipid-PEG 纳米粒子的合成过程

已合成的 VS$_2$@lipid-PEG 具有顺磁性、较强的近红外光吸收能力以及可被 ^{99m}Tc^{4+} 标记，可以用于 MRI、PAT 成像以及 SPECT 成像介导的肿瘤 PTT。VS$_2$@lipid-PEG 纳米粒子经尾静脉注射小鼠 24 h 后，即具有较好的磁共振 T1 与 PAT 成像效果。经 ^{99m}Tc^{4+} 标记后，VS$_2$@lipid-PEG 纳米粒子具有优异的 SPECT 成像效果。注射 24 h 后，VS$_2$@lipid-PEG 纳米粒子在肿瘤部位富集量可达 5.1%±1.2% ID g^{-1}。经尾静脉注射 24 h 后，在 808 nm 的近红外激光照射下，肿瘤温度可以升高到 58 ℃，PTT 2 d 后肿瘤完全消失。此外，VS$_2$@lipid-PEG 在体内的降解能力显著，几乎被完全降解，因此 VS$_2$@lipid-PEG 是一种潜在的生物诊疗剂。综上可见，尽管诊疗一体化研究取得了一定的进展，但目前典型的诊疗一体化体系多依赖于"All-in-one"形式，即将具备不同"诊"或"疗"功能的多个组分共同组装于一个复杂体系，出现的问题是组分间不可预知的相互干扰、体系复杂且体内易分解等。因此，利用单一组分实现多重"诊"与"疗"功效的"One-for-all"策略则更加可取。

1.5 钨青铜简介

1949 年，A. Magne li 成功地合成了一种钾钨酸盐 K_xWO_3（$0<x<1$），其具有类似青铜的光亮和色泽，因此人们称类似这种结构的化合物为钨青铜型材料。钨青铜是一种非化学计量化合物，其化学式通式可表示为 M_xWO_3（$0<x<1$），其中，M 可以为一系列的阳离子，包括 H^+，第一主族 Li^+、Na^+、K^+、Rb^+ 和 Cs^+，第二主族 Mg^{2+}、Ca^{2+}、Sr^{2+}、Ba^{2+} 和 NH_4^+ 以及三价离子 La^{3+}、In^{3+} 等。如图 1.11 所示，在结构上根据加入离子种类的不同以及其占用的离子孔道不同，可以将钨青铜材料描述为具有一定孔道结构的立方晶型、四角晶型、六边晶型的 WO_3 框架结构。

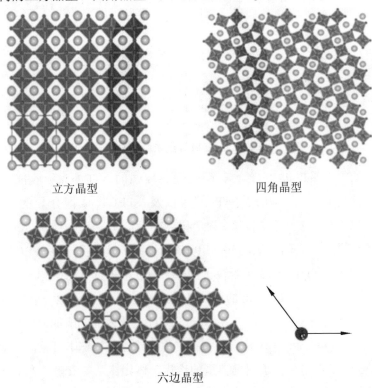

立方晶型   四角晶型

六边晶型

图 1.11 立方、四角和六边晶型钨青铜晶体结构示意图

阳离子的引入会改变钨青铜的电学与磁学性质。WO_3 是一种半导体纳米材料，因为其中所有的 W 均为+6 价，已经没有多余的自由电子。形成钨青铜后，就会同时含有+5 价与+6 价钨离子，因此将会由半导体向金属性过渡。框架结构为六边碱金属钨酸盐，接近于六边钨青铜，其分子式通式为 $M_yWO_{(3+y)/2}$。六边碱金属钨酸盐为化学计量的氧化物，因此只有+6 价的钨，从而不具有钨青铜的典型电学和磁学特征。在 WO_3 框架结构引入阳离子后造成电子迁移率的变化，使得这些材料的电化学性质发生了显著的变化，这是钨青铜材料的显著特点，也使得其在催化、电池、气敏和电致变色等领域具有潜在的应用价值。

在不同种类的钨青铜材料中，Na_xWO_3 自从被发现起就受到了广泛的关注。如图 1.12 所示，通过改变加入钠的浓度可以改变 Na_xWO_3 的颜色，使其几乎具有可见光中的各种颜色。2009 年，住友金属矿山公司通过高温固相法合成出一系列的钨青铜材料，然后通过球磨破碎的方式将所得钨青铜材料分散成粒子尺寸为几十纳米的无规则形状粒子，首次发现纳米级钨青铜材料具有优异的近红外光吸收效果。

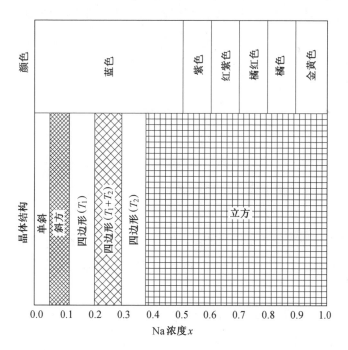

图 1.12 随着钠浓度的改变，钠钨青铜颜色与结构变化的示意图

2010 年，Guo 等人首次成功地通过低温溶剂热法直接获得铯钨青铜（Cs_xWO_3）纳米粒子，并发现在含有第一主族的所有钨青铜材料中，Cs_xWO_3 具有更强的近红外光吸收效果和光热转换能力。2014 年，Gu 等人报道了聚乙烯吡咯烷酮（PVP）包裹的 Rb_xWO_3 纳米粒子用于 PTT 并结合化疗的研究。此外，该纳米材料还具有较好的 PAT 成像和 CT 成像能力。2015 年，Hu 等人报道了 $Na_{0.3}WO_3$ 纳米棒用于光热成像与 CT 成像介导的 PTT。目前还无关于 Cs_xWO_3 纳米材料在诊疗一体化中的相关报道，鉴于其优异的光学性质、稳定性、元素组成等，将 Cs_xWO_3 用于诊疗一体化并探究其用于诊疗一体化的优势具有十分重要的意义与可行性。

1.6 本书的主要研究内容和技术路线

1.6.1 主要研究内容

综上所述，鉴于具有广谱吸收并集多种"诊"与"疗"功能于一体的诊疗材料的重要性及相关研究的缺失，本书拟研发基于 Cs_xWO_3 纳米粒子的多重模式成像诊断与 PTT/PDT 协同治疗，实现肿瘤的精准诊断与高效治疗。充分发挥 Cs_xWO_3 纳米粒子在光学响应区涵盖两个近红外"窗口"区（650～1 350 nm）、晶体形貌可控性强、材料稳定性好等特点，用于实现双"生物窗口"PTT/PDT 协同治疗与 PAT 成像，凭借 Cs_xWO_3 纳米粒子含有钨元素（$Z=74$）以及表面带有较多的负电荷，用于实现肿瘤的 CT 成像与表面修饰或包裹。此外，还拟通过表面修饰靶向分子实现主动靶向的精准治疗、负载氧携带体提升 PDT 效果以及采用具有连续波长近红外光源降低肿瘤组织对近红外适应性并实现高效治疗。具体研究内容如下：

（1）通过改变加入的溶剂组成、反应温度、有机醇的种类、铯/钨（Cs/W）摩尔比以及体系内的给水方式等探究 Cs_xWO_3 纳米粒子的最佳合成条件，以开发微观结构与光学性能优异的 Cs_xWO_3 纳米材料。

（2）通过静电层层自组装的方式将带有正/负电荷的聚电解质材料逐步修饰到 Cs_xWO_3 表面（命名为 M-Cs_xWO_3）以提高其生物相容性及生理条件下的稳定性；研究其在小鼠体内 PAT 成像与 CT 成像的效果，分析肿瘤成像诊断的可能性；考察所得样品在"第一生物窗口"内（880 nm）与"第二生物窗口"内（1 064 nm）近红外激光照射下光热效率与活性氧自由基产生的效果，并对小鼠进行 PTT/PDT 协同治疗的研究。

（3）利用全氟-15-冠-5-醚（PFC）与人血白蛋白（HSA）在磷酸盐缓冲溶液中该超声可触发自组装的特性，将 PFC 包裹于 Cs_xWO_3 表面（命名为 Cs_xWO_3@PFC），以提升体系携带氧的能力从而提高其 PDT 效果；研究 Cs_xWO_3@PFC 纳米粒子的形貌、光热性质、氧携带能力以及光动力增强效果；评估其在小鼠体内的 CT 成像与 PAT 成像效果、对实体瘤的抑制能力以及体内的生物毒性。

（4）通过交联反应将肿瘤细胞靶向肽（半胱氨酸-精氨酸-甘氨酸-天冬氨酸-赖氨酸）-异硫氰酸荧光素（CRGDK-FITC）修饰于聚电解质修饰的 Cs_xWO_3 纳米粒子表面（命名为 Cs_xWO_3@CRGDK），以实现对乳腺癌的靶向治疗，并研究其在近红外光照射下的光热效率；利用激光共聚焦与 3 种生物成像手段（荧光成像、CT 成像与 PAT 成像）分别探究其被乳腺肿瘤细胞与正常乳腺细胞摄取量的差别与体内最佳的治疗时间；考察该材料对乳腺肿瘤细胞的靶向性与抑制效果、对血液与主要脏器的损伤情况以及在各个主要脏器和血液中的代谢情况；研究该诊疗体系结合近红外光治疗降低肿瘤组织适应性的效果。

1.6.2 技术路线

根据本书研究内容设计的技术路线如图 1.13 所示。

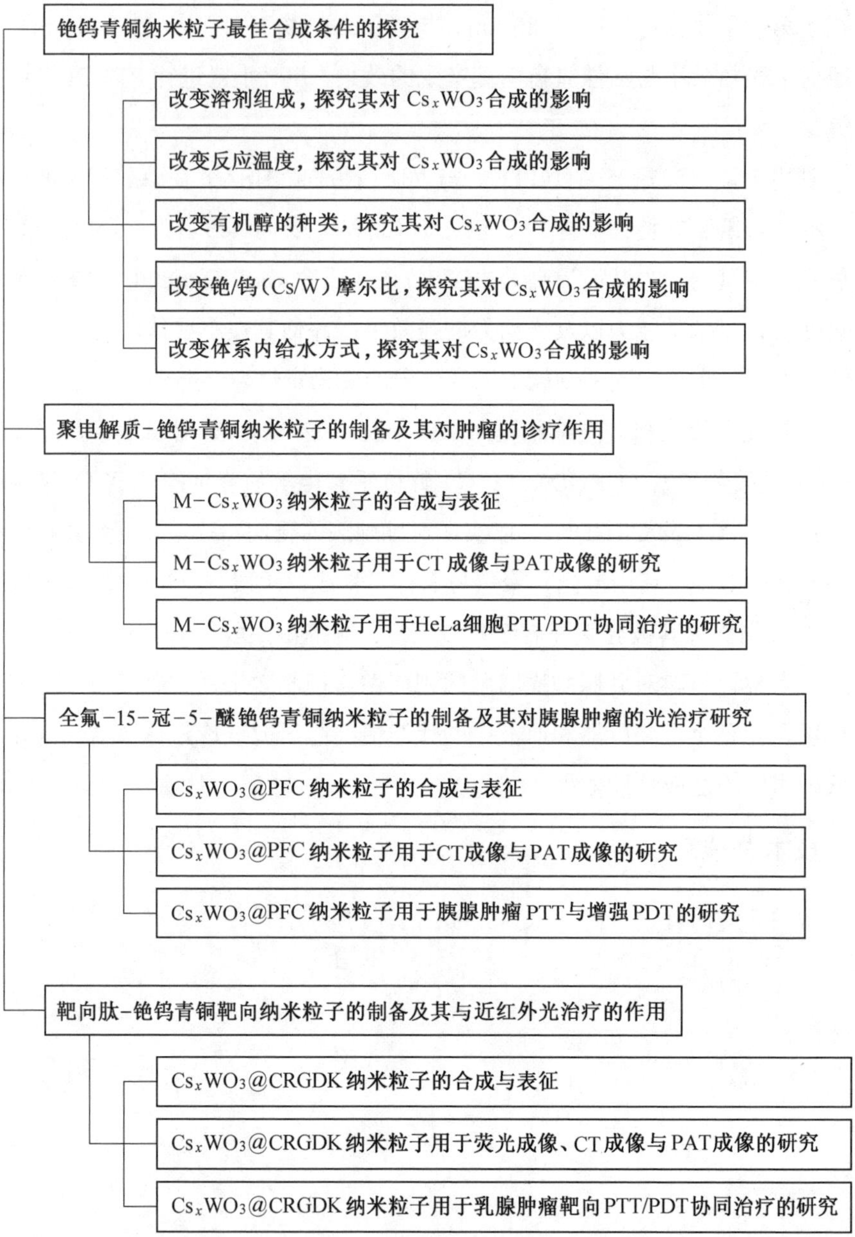

铯钨青铜纳米粒子最佳合成条件的探究

改变溶剂组成，探究其对 Cs_xWO_3 合成的影响

改变反应温度，探究其对 Cs_xWO_3 合成的影响

改变有机醇的种类，探究其对 Cs_xWO_3 合成的影响

改变铯/钨（Cs/W）摩尔比，探究其对 Cs_xWO_3 合成的影响

改变体系内给水方式，探究其对 Cs_xWO_3 合成的影响

聚电解质-铯钨青铜纳米粒子的制备及其对肿瘤的诊疗作用

M-Cs_xWO_3 纳米粒子的合成与表征

M-Cs_xWO_3 纳米粒子用于CT成像与PAT成像的研究

M-Cs_xWO_3 纳米粒子用于HeLa细胞PTT/PDT协同治疗的研究

全氟-15-冠-5-醚铯钨青铜纳米粒子的制备及其对胰腺肿瘤的光治疗研究

Cs_xWO_3@PFC 纳米粒子的合成与表征

Cs_xWO_3@PFC 纳米粒子用于CT成像与PAT成像的研究

Cs_xWO_3@PFC 纳米粒子用于胰腺肿瘤PTT与增强PDT的研究

靶向肽-铯钨青铜靶向纳米粒子的制备及其与近红外光治疗的作用

Cs_xWO_3@CRGDK 纳米粒子的合成与表征

Cs_xWO_3@CRGDK 纳米粒子用于荧光成像、CT成像与PAT成像的研究

Cs_xWO_3@CRGDK 纳米粒子用于乳腺肿瘤靶向PTT/PDT协同治疗的研究

图 1.13　本书研究的技术路线

第 2 章　实验材料与方法

2.1　实验材料、试剂及仪器

2.1.1　实验材料

本书所使用的主要实验材料见表 2.1。

表 2.1　主要实验材料

材料中文名称	材料英文简称	来源厂家
人正常肝细胞株	L02	中国科学院典型培养物保藏委员会细胞库
人脐静脉内皮细胞株	HUVEC	中国科学院典型培养物保藏委员会细胞库
人子宫颈癌细胞株	HeLa	中国科学院典型培养物保藏委员会细胞库
人乳腺癌细胞株	MDA-MB-231	中国科学院典型培养物保藏委员会细胞库
人正常乳腺细胞株	MCF-10A	中国科学院典型培养物保藏委员会细胞库
人胰腺癌细胞株	PANC-1	中国科学院典型培养物保藏委员会细胞库
人胰腺癌细胞株	BxPC-3	中国科学院典型培养物保藏委员会细胞库
免疫缺陷裸鼠	BALB/c nude	北京维通利华有限公司

2.1.2　实验试剂

本书所使用的主要实验试剂见表 2.2。

表 2.2　主要实验试剂

试剂名称	分子式	纯度	生产厂家
六氯化钨	WCl_6	99.0%	Alfa 公司
一水合氢氧化铯	$CsOH \cdot H_2O$	99.9%	Alfa 公司
异硫氰荧光素标记的五肽	CRGDK-FITC	—	上海吉尔生化公司合成
冰乙酸	$C_2H_4O_2$	≥99.8%	上海阿拉丁试剂公司
碘海醇	$C_{19}H_{26}I_3N_3O_9$	≥98.0%	上海阿拉丁试剂公司
N,N-二甲基甲酰胺	C_3H_7NO	≥99.9%	上海阿拉丁试剂公司
1-乙基-（3-二甲基氨基丙基）碳二亚胺盐酸盐	$C_8H_{17}N_3 \cdot HCl$	98.0%	上海阿拉丁试剂公司
乙醇	C_2H_6O	≥99.5%	天津市富宇精细化工有限公司
N-（苯甲酰氧基）琥珀酰亚胺	$C_{11}H_9NO_4$	≥97.0%	上海阿拉丁试剂公司
RPMI-1640 培养基	—	—	HyClone 公司
DMEM 培养基	—	—	HyClone 公司
磷酸盐缓冲溶液	PBS	—	HyClone 公司
胎牛血清	—	—	Gibco 公司
胰蛋白酶	—	—	上海碧云天生物技术公司
溴化钾	KBr	光谱纯	天津光复精细化工研究所
多聚甲醛	POM	分析纯	天津光复精细化工研究所
全氟-15-冠-5-醚	$C_{10}F_{20}O_5$	99.0%	百灵威公司
罗丹明标记的鬼笔环肽	$C_{60}H_{70}N_{12}O_{13}S_2$	—	上海翊圣生物科技有限公司
Cy5.5 N-羟基琥珀酰亚胺酯	$C_{44}H_{46}OClN_3O_4$	95.0%	上海西宝生物科技有限公司
4′,6-二脒基-2-苯基吲哚	$C_{16}H_{15}N_5 \cdot 2HCl$	99.0%	Sigma-Aldrich 公司
2′,7′-二氯氢化荧光素乙二酯	$C_{24}H_{16}Cl_2O_7$	≥97.0%	Sigma-Aldrich 公司
1,3-二苯基异苯并呋喃	$C_{20}H_{14}O$	97.0%	Sigma-Aldrich 公司
噻唑蓝	$C_{18}H_{16}BrN_5S$	98.0%	Sigma-Aldrich 公司
2,2,6,6-四甲基哌啶	$C_9H_{19}N$	—	Sigma-Aldrich 公司
碘化丙啶	$C_{27}H_{34}I_2N_4$	—	Sigma-Aldrich 公司
钙黄绿素-乙酰羟甲基酯	$C_{46}H_{46}N_2O_{23}$	—	Sigma-Aldrich 公司
人血白蛋白	HSA	≥96.0%	Sigma-Aldrich 公司
二甲基亚砜	$(CH_3)_2SO$	—	Sigma-Aldrich 公司
青霉素	—	—	Sigma-Aldrich 公司
链霉素	—	—	Sigma-Aldrich 公司
聚烯丙基胺盐酸盐	PAH	—	Sigma-Aldrich 公司
聚（4-苯乙烯磺酸钠）	PSS	—	Sigma-Aldrich 公司
去离子水	Milli-Q	18.2 MΩ·cm	—

2.1.3　实验仪器

本书中所使用的主要实验仪器见表 2.3。

表 2.3　主要实验仪器

实验仪器	型号	生产厂家
磁力搅拌器	C-MAG HS 7	德国 IKA 公司
电热鼓风干燥箱	DHG-9076A	上海精宏实验设备有限公司
热重分析仪	TG8101D	日本 Rigaku 公司
880 nm 近红外激光器	MLL-III	长春新产业光电技术有限公司
1 064 nm 近红外激光器	MLL-H	长春新产业光电技术有限公司
光热相机	i7	美国 FLIR 公司
近红外光光源	HSX-F300	北京纽比特公司
X 射线光电子能谱仪	PHI 5600	美国物理电子公司
X 射线衍射仪	Empyrean	荷兰 Panalytical 分析仪器公司
X 波段电子自旋共振光谱	ER-300	德国 Bruker 公司
小鼠体内荧光成像系统	FX-PRO	锐珂医疗公司
小动物 CT 成像系统	Quantum GX	珀金埃尔默仪器有限公司
小动物光声成像系统	MOST invision 128	德国 iThera 公司
激光共聚焦显微镜	LSM 510 META	德国 Carl Zeiss 公司
多功能酶标仪	Infinite M200	瑞士 Tecan 公司
傅里叶变换红外光谱仪	Tensor 27	德国 Bruker 公司
透射电子显微镜	JEM-1400	日本电子公司
透射电子显微镜	Tecnai G2 F20	美国 FEI 公司
激光粒度仪/Zeta 电位仪	BI-90Plus	美国 Brookhaven 公司
荧光光谱仪	Fluoromax-4	Horiba JobinYvon 公司
紫外-可见-近红外分光光度计	Hitachi U-4100	日本日立公司
超净工作台	DL 系列	北京东联哈尔仪器制造有限公司
真空干燥箱	DZF-6020	上海一恒科学仪器有限公司

2.2 4种铯钨青铜纳米粒子的制备

2.2.1 铯钨青铜纳米粒子的制备

首先，将 0.297 6 g 六氯化钨溶于 40 mL 无水乙醇中，磁力搅拌 10 min 后，将 0.063 g 一水合氢氧化铯加入上述黄色六氯化钨乙醇溶液中，当溶液开始变浑浊后，向其中加入 10 mL 冰乙酸，随后，将得到的溶液转移到 100 mL 反应釜中，在烘箱中 230 ℃ 反应 20 h。反应结束后，得到的深蓝色产物通过离心方法收集（12 000 r/min)，使用去离子水和乙醇交替离心洗涤 4 次，最后 60 ℃真空干燥 12 h，得到蓝色固体粉末。

通过调节溶剂组成、反应温度、有机醇种类、Cs/W 摩尔比、体系中给水方式对铯钨青铜纳米粒子的最佳合成条件进行优化。具体过程为：

（1）100%体积乙醇、90%体积乙醇-10%体积乙酸、80%体积乙醇-20%体积乙酸、60%体积乙醇-40%体积乙酸，其余系数保持不变。

（2）反应温度分别为 140 ℃、160 ℃、200 ℃、230 ℃，其余条件保持不变。

（3）有机醇种类分别为甲醇、乙醇、正丙醇、正丁醇，其余条件保持不变。

（4）Cs/W 摩尔比分别为 1∶1、1∶2、1∶3、1∶5、1∶10，其余条件保持不变。

（5）给水方式分别为缓释出水方法与直接加水方法，其余条件保持不变。

最终确定铯钨青铜纳米粒子的最后合成条件。

2.2.2 聚电解质修饰铯钨青铜纳米粒子（$M-Cs_xWO_3$）的制备

聚电解质的修饰通过层层自组装方法，具体步骤如下：

（1）分别配置含 0.5 mol/L 氯化钠质量浓度为 2 mg/mL 的聚烯丙基胺盐酸盐（PAH，带正电荷）与聚（4-苯乙烯磺酸钠）（PSS，带负电荷）电解质溶液，待用。

（2）将 3 mg 最佳合成条件的铯钨青铜纳米粒子溶于 3 mL 去离子水中，超声 10 min，使铯钨青铜纳米粒子充分分散，12 000 r/min 离心 5 min，去掉上清液。由于铯钨青铜纳米粒子表面带负电荷，因此首先将 1 mL 上述 PAH 电解质溶液加入其中，超声 15 min 后，12 000 r/min 离心 5 min，去掉上清液，用去离子水清洗 2 次，再将 1 mL 上述 PSS 电解质溶液加入其中，超声 15 min 后，12 000 r/min 离心 5 min，去掉上清液，用去离子水清洗 2 次，为了确保最终的纳米粒子带正电荷（细胞膜带负电荷，带正电荷的样品更易被细胞摄取），再一次重复修饰 PAH 过程，得到的最终样品（命名为 M-Cs_xWO_3）分散于去离子水中置于 4 ℃保存。

2.2.3　全氟-15-冠-5-醚包裹铯钨青铜纳米粒子（Cs_xWO_3@PFC）的制备

根据文献报道的方法加以改进，首先，将 4 mg 铯钨青铜纳米粒子分散到 4 mL PBS 缓冲溶液中，超声 10 min，待铯钨青铜纳米粒子分散均匀后，加入 40 mg 人血白蛋白并继续超声 10 min，将得到的蓝色均匀溶液置于冰浴中，加入 300 μL 全氟-15-冠-5-醚（PFC），使用细胞破碎仪超声 200 s（输出振幅设置为 60%），反应结束后得到的蓝色乳液（命名为 Cs_xWO_3@PFC）通过离心方法收集（12 000 r/min），使用 PBS 缓冲溶液清洗 2 次，最后分散在 PBS 缓冲溶液中置于 4 ℃保存。

2.2.4　靶向肽修饰的铯钨青铜纳米粒子（Cs_xWO_3@ CRGDK）的制备

准确称 2 mg 的 1-2 基-（3-二甲基氨基丙基）碳二亚胺盐酸盐（EDC）与 3 mg 的 N-（苯甲酰氧基）琥珀酸亚胺（NHS）分散于 1 mL 去离子水中，将 0.464 mg 靶向肽（半胱氨酸-精氨酸-甘氨酸-天冬氨酸-赖氨酸）-异硫氰酸荧光素（CRGDK-FITC）加入其中，磁力搅拌 30 min。

将 3 mg 聚电解质修饰的铯钨青铜纳米粒子分散于 8 mL 去离子水中，逐滴加入上述制备的 CRGDK-FITC 溶液，在室温且避光的条件下磁力搅拌 24 h，对最终得到的溶液（命名为 Cs_xWO_3@CRGDK）进行透析，以除去没有参与反应的物质，选用截留分子量为 8 000～14 000 的透析袋透析 24 h（12 h 后更换一次去离子水），透析后的溶液置于 4 ℃保存。

2.3　实　验　方　法

2.3.1　透射电子显微镜观察

将铜网放置于滤纸上，将待测样品分散在乙醇中并稀释到合适的浓度，超声分散 10 min 后，使用 200 μL 的移液器滴加一滴于铜网表面，干燥后再滴加下一滴，重复滴加 3～6 滴，室温干燥过夜，使用透射电子显微镜（TEM）在 200 kV 加速电压条件下观察粒子的大小、形貌等。

2.3.2 粒径分布和 Zeta 电位测试

将待测样品分散于去离子水中，保证样品测试浓度的散射光强度在 100～500 kc/s（即千次/秒），将样品超声分散 5 min，使用 Brookhaven 公司的 ZetaPALS 仪器在室温测试。粒径测试结束后，插入测试电极，利用分析仪测试 Zeta 电位，重复测量 5 次。

2.3.3 热重分析

将待测样品干燥，置于空气中煅烧，测试温度为 20～800 ℃，检测待测样品的质量变化。

2.3.4 傅里叶变换-红外光谱测试

取少量样品加入到 KBr 粉末中，在红外灯烘烤下，充分研磨并混匀，使用压片机对样品压片，使用德国 Bruker 公司型号为 Tensor 27 的红外光谱仪进行测试，扫描范围为 4 000～400 cm^{-1}。

2.3.5 X 射线光电子能谱测试

将干燥样品研磨均匀，利用 X 射线光电子能谱仪（XPS）测试钨元素的价态分布。相对碳元素 C1s 进行峰位校正，对钨元素进行分峰处理后，分析其价态分布。

2.3.6 X 射线衍射测试

将干燥样品研磨均匀，使用模具压片，保证待测样品表面平滑，利用 X 射线衍射仪（XRD）选用扫描范围为 10°～90°测试，测试后的数据与铯钨青铜标准卡片（JCPDS No. 831334）对比。

2.3.7 紫外-可见-近红外分光光度计测试

液体样品：配置不同浓度的待测样品溶液，在波长为 200～1 350 nm 范围内测定不同浓度溶液的吸光度。

固体样品：将干燥样品研磨均匀，使用模具压片，保证待测样品表面平滑，在波长为 200～2 500 nm 范围内利用积分球测定固体样品的吸光度值（以硫酸钡为参比）。

2.3.8　光热效应测试

将待测样品分别加入到石英样品管中，利用红外相机监测溶液温度，使用近红外光源对样品溶液照射，每隔 30 s 使用红外相机测定一次溶液温度，监测时长为 10 min。

2.3.9　光生单线态氧测试

通过紫外-可见（UV-Vis）光谱以及 X 波段电子自旋共振光谱（ESR）方法检测样品在近红外光照下产生单线态氧的能力。

（1）UV-Vis 光谱法：首先精确称量 1 mg 1, 3-二苯基异苯并呋喃（DPBF），将其溶于 1 mL N, N-二甲基甲酰胺（DMF）溶液中，取 20 μL 上述配置好的溶液加入到 3 mL 待测样品中，将待测液置于黑暗环境下，使用近红外光源照射不同时间，每个照射时间点结束后，将待测液离心并记录在 410 nm 处待测液的吸光度值。

（2）ESR 光谱法：将 33.75 μL 2, 2, 6, 6-四甲基哌啶（TEMP）加入到 10 mL 待测液中，将待测液置于黑暗环境下光照 10 min，检测溶液的 ESR 光谱。

2.3.10　样品溶液假体光声成像测试

将不同浓度待测样品加入到琼脂制作的假体中，然后将假体放入光声成像仪器中检测待测样品的光声追影效果，测试波长范围为 680～900 nm。

2.3.11　样品溶液假体 CT 成像测试

将不同浓度待测样品加入到离心（EP）管中，然后将 EP 管按浓度从小到大的顺序置于模板上，将模板放入 CT 成像仪器中，在 90 kV 的电压和 160 μA 电流条件下检测不同浓度样品的 CT 成像能力。

2.4 细胞实验与动物实验

2.4.1 细胞培养

人胰腺癌细胞（PANC-1）、人胰腺癌细胞（BxPC-3）、人宫颈癌细胞（HeLa）、人正常肝细胞（L02）、人脐静脉内皮细胞（HUVEC）以及人正常乳腺细胞（MCF-10A）均使用 RPMI-1640 培养基培养；人乳腺癌细胞（MDA-MB-231）使用 DMEM（高糖）培养基培养。培养基中加入 10%（体积分数）胎牛血清以及 1%（体积分数）双抗，细胞在 37 ℃培养箱中（含 5%体积分数的二氧化碳）培养。缺氧条件下培养的人胰腺癌细胞（命名为 PANC-1-H）采用浓度为 200 μmol/L 的 $CoCl_2$ 诱导模拟肿瘤细胞的缺氧环境。

2.4.2 体外肿瘤细胞光治疗效果的荧光检测

（1）将相应的细胞在 35 mm 培养皿中培养，实验包括：对照组、近红外光照射组、样品处理组、样品结合近红外光照射 2 min 组、样品结合近红外光照射 4 min 组、样品结合近红外光照射 5 min 组、样品结合近红外光照射 6 min 组以及样品结合近红外光照射 10 min 组。

（2）当细胞生长至 80%～90%时，加入 1～2 mL 质量浓度为 250 μg/mL 的样品，将样品与细胞共同孵育 24 h 后，用 PBS 清洗细胞 3 次，除去没有进入细胞的样品。再加入 1 mL 新鲜培养基，利用近红外光对其照射不同时间。

（3）用 PBS 将被照射的细胞清洗 2～3 次，加入 200 μL 预先配置好的钙黄绿素-乙酰羟甲基酯（Calcein-AM，2 mmol/L）/碘化丙啶（PI，4 mmol/L）染色液，培养箱中孵育 20 min，用 PBS 清洗细胞 2～3 次，在荧光显微镜下观察并拍照。

2.4.3 体外肿瘤细胞内单线态氧荧光检测

将各细胞在 35 mm 培养皿中铺板并培养，分为 5 组，包括阴性对照组、阳性对照组、近红外光照射组、样品处理组以及样品结合近红外光照射组，并配置好检测单线态氧的荧光探针 2′-7′-二氯氢化荧光素乙二酯（H_2DCFDA，10 mmol/L）溶液。

（1）阴性对照组：细胞生长至 80%～90%后，加入 50 μL H₂DCFDA 溶液，孵育 1 h 后，用 PBS 清洗 2～3 次。

（2）阳性对照组：细胞生长至 80%～90%后，加入 200 μL 过氧化氢（50 mmol/L），孵育 1 h 后，再加入 50 μL H₂DCFDA 溶液，继续孵育 1 h，用 PBS 清洗 2～3 次。

（3）近红外光照射组：细胞生长至 80%～90%后，加入 50 μL H₂DCFDA 溶液，继续孵育 1 h，用 PBS 清洗 2～3 次，使用近红外光照射 10 min，用 PBS 清洗 2～3 次。

（4）样品处理组：细胞生长至 80%～90%后，加入 1 mL 质量浓度为 250 μg/mL 的样品，培养 4 h 后，加入 50 μL H₂DCFDA，继续孵育 1 h，用 PBS 清洗 2～3 次。

（5）样品结合近红外光照射组：细胞生长至 80%～90%后，加入 1 mL 质量浓度为 250 μg/mL 的样品，培养 4 h 后，加入 50 μL H₂DCFDA，继续孵育 1 h，使用近红外光照射 10 min，用 PBS 清洗 2～3 次。

2.4.4　MTT 法检测细胞的存活率

细胞与样品共同孵育后的存活率通过标准的 MTT 法（其中 MTT 指噻唑蓝）进行检测。首先，将 200 μL 含有细胞的培养基分别加入到 96 孔板的各个孔中，细胞密度为 1×10^4 个/孔，细胞继续培养过夜，吸出各个孔的培养基，重新加入含有不同质量浓度（15.625 μg/mL、31.25 μg/mL、62.5 μg/mL、125 μg/mL、250 μg/mL、500 μg/mL、1 000 μg/mL）样品的新鲜培养基，孵育 24 h 后，加入 20 μL 质量浓度为 5 mg/mL 的 MTT 溶液，继续培养 4 h，将 MTT 溶液吸出，每个孔分别加入 150 μL 二甲基亚砜（DMSO）后利用酶标仪在 490 nm 波长处检测吸光度值。

光热治疗（PTT）与光动力治疗（PDT）治疗效果的区分：

（1）PTT 后细胞存活率检测：细胞与样品在 96 孔板中共培养 24 h 后，加入 50 μL 浓度为 10 μmol/L 的叠氮化钠后，使用近红外光照射 10 min 后通过上述标准 MTT 法检测细胞存活率。

（2）PDT 后细胞存活率检测：细胞与样品在 96 孔板中共培养 24 h 后，将 96 孔板置于冰盒上，使用近红外光照射 10 min 后通过上述标准 MTT 法检测细胞存活率。

（3）PTT 与 PDT 协同治疗后细胞存活率检测：细胞与样品在 96 孔板中共培养 24 h 后，使用近红外光照射 10 min，之后通过上述标准 MTT 法检测细胞存活率。

2.4.5　荷瘤裸鼠动物模型的建立

从北京维通利华公司购买 5 周左右 BALB/c 雌性裸鼠，所有活体实验均根据国家对动物的管理和实验室使用动物的标准实施。将细胞与基质胶按照 1∶1 比例混匀，将 200 μL 含有 1×10^7 的细胞与基质胶混合液经皮下注射到裸鼠左侧后腿部位。待肿瘤生长约 2 周后，体积达 200 mm^3 左右。

2.4.6　小鼠体内的光声成像

通过尾静脉或瘤内注射的方式将样品注射到荷瘤小鼠体内，利用气体麻醉小鼠后将小鼠放入光声成像仪器中，经不同的时间点检测其光声成像。

2.4.7　小鼠体内的 CT 成像

通过尾静脉或瘤内注射的方式将样品注射到荷瘤小鼠体内，利用气体麻醉小鼠后将小鼠放入 CT 成像仪器中，在 90 kV 的电压和 160 μA 电流值条件下，经不同的时间点检测其 CT 成像。

2.4.8　小鼠体内光热成像与光治疗

光热成像：首先将荷瘤小鼠经气体麻醉，再用医用胶布将小鼠固定，使用相应光源对荷瘤小鼠肿瘤部位照射，每隔 30 s 使用红外相机监测一次温度，总监测时间为 5 min 或 10 min。

光治疗：经瘤内注射的荷瘤小鼠在注射样品 2 h 后经近红外光照射，经尾静脉注射的荷瘤小鼠根据成像结果选择最佳的近红外光照射时间点，治疗时间为 5 min 或 10 min。通过记录肿瘤体积变化评估抗肿瘤效果，肿瘤体积计算方式为（长×宽^2）/2，肿瘤相对体积以 V/V_0 表示（V_0 是治疗前肿瘤的体积，V 是治疗后肿瘤的体积），小鼠相对体重以 W/W_0 表示（W_0 是治疗前小鼠的体重，W 是治疗后小鼠的体重）。

2.4.9　组织病理学分析

将治疗 14 d 后的荷瘤小鼠安乐死，将其主要器官及肿瘤分离，放置于体积分数为 4% 的福尔马林溶液中，经石蜡包埋，切片后再用苏木精–伊红（H&E）染色，各个主要器官与肿瘤切片通过 H&E 进行染色，通过显微镜观察各组织及肿瘤的病理变化。

2.4.10　血液指标分析

将治疗 14 d 后的荷瘤小鼠安乐死，心脏采血 20 μL，使用海力孚公司型号为 HL-3000 的血液分析仪测试，选用预稀释的模式，测试的血液指标包括：白细胞（WBC）、红细胞（RBC）、血红蛋白（HGB）、平均红细胞体积（MCV）、平均血红蛋白含量（MCH）、平均血红蛋白浓度（MCHC）、血小板（PLT）以及红细胞积压（HCT）等。

2.5　统　计　分　析

本实验结果统计中，统计分析采用的是 Student-t 检验，$p < 0.05$ 表示样本（$n=5$）之间差异显著；$p < 0.01$ 表示样本之间差异极显著。本书采用实验 GraphPad Prism 5.0 统计分析软件分析实验数据，另外标记在实验结果中的误差线是根据 3 次或 3 次以上独立实验数据计算得到的平均值±标准差（即 Mean±SD 值）。

第3章 铯钨青铜纳米粒子最佳合成条件的探究

3.1 引　　言

1949 年，A. Magne li 合成了钨酸盐 K_xWO_3（0<x<1），发现其具有青铜般的色泽和光亮性，因而将类似这种结构的化合物称之为钨青铜型材料。此后，钨青铜泛指化学式为 M_xWO_3（M 为碱金属离子）的一系列化合物。钨青铜材料在铁电、热释电、压电、非线性光学等领域已经得到了广泛应用，但其在生物医学领域的研究鲜有报道。

传统合成铯钨青铜（Cs_xWO_3）纳米粒子的方法主要依赖于高温固相法，即首先将氧化钨与氢氧化铯均匀研磨，再进一步在氢气或氩气中加热到 1 200 ℃以上经固相反应合成。显然，固相法反应条件苛刻，合成出来的材料粒径过大，粒子通常为几十到几百微米，无法在生物医学领域得到应用，因此，合成纳米级 Cs_xWO_3 材料尤其重要。本研究尝试调整反应温度、溶剂组成、铯/钨摩尔比、有机醇种类、体系中水的引入方式探究合成 Cs_xWO_3 纳米粒子的最佳条件，并通过透射电子显微镜（TEM）、X 射线衍射（XRD）以及紫外-可见-近红外（UV-vis-NIR）吸收光谱等手段对合成的 Cs_xWO_3 纳米粒子进行表征，制备具有特定纳米结构且在近红外光区高吸收强度的 Cs_xWO_3 材料，为后续将其应用于诊疗一体化研究奠定基础。

3.2　反应条件对铯钨青铜纳米粒子合成的影响

本研究采用 Cs_xWO_3 的低温非固相合成方法，首先以化学性质较活泼的六氯化钨（WCl_6）作为钨源，鉴于 Cs_xWO_3 中的钨原子是以 W^{5+} 和 W^{6+} 混合价态形式存在，若要保证较低价态的 W^{5+} 存在需要以还原性溶剂为反应媒介。因此本研究选用有机醇类，因为其不仅可作为还原剂，同时对 WCl_6 溶解度高且不会造成反应前不必要的水解。此外，Cs_xWO_3 中 x 的理论最大值为 0.33，即 Cs/W 最大理论原子比为 0.33，因此首先选择 Cs/W 摩尔比为 0.5，以保证反应体系内存在充足的铯源用于形成 Cs_xWO_3 的纳米结构。由于 WCl_6 经晶化反应生成 Cs_xWO_3 的过程中需要少量水的参与以水解 WCl_6，但若在反应之前向反应体系中加入水，WCl_6 会在室温即在晶化反应前快速水解并生成大粒子产物，此过程不可控且无法保证样品的化学价态和纳米维度的形成。因此，本实验选择乙醇与乙酸作为混合溶剂，在加热过程中利用其发生的酯化反应，在晶化反应的温度下缓释出水分子，这样更加有利于 Cs_xWO_3 纳米粒子的均匀成核以及控制粒子尺寸。

3.2.1　溶剂组成对铯钨青铜纳米粒子合成的影响

在保证溶剂总体积不变的前提下，通过调整加入乙醇与乙酸的相对体积比来探究溶剂组成对合成 Cs_xWO_3 纳米粒子的形貌、晶相和光学性质的影响。鉴于粒子尺寸是衡量材料是否可以应用于生物光治疗与成像领域的重要指标之一，因此本研究首先对不同溶剂组成条件下合成的 4 组样品经 TEM 观察。不同溶剂配比下合成的铯钨青铜纳米粒子的透射电子显微镜照片如图 3.1 所示，只有当使用 80% 体积的乙醇与 20% 体积的乙酸作为溶剂时，合成的 Cs_xWO_3 纳米粒子为形貌均匀的棒状结构，纳米棒的长度约为 70 nm，而棒直径约为 13 nm（镜下的纳米粒子有一定程度的聚集，改变滴加铜网的样品质量浓度后，聚集现象仍然存在，如图 3.2 所示）。通过对比可知，以其他体积比的乙醇与乙酸的混合溶剂所得的样品形貌不均一，且非单分散样品。因此可得出初步结论：当使用 80% 体积的乙醇与 20% 体积的乙酸作为溶剂时，合成的 Cs_xWO_3 纳米粒子更适用于生物体内的应用，但各个样品的物相组成以及在近红外光区的吸收特性需进一步探究。

为了进一步证明制备了 Cs_xWO_3 纳米粒子，将 4 种材料的晶体结构进行 XRD 分析。如图 3.3 所示，不同溶剂体积比条件下合成的 4 种样品的 XRD 谱图与 Cs_xWO_3 标准卡片（JCPDS No. 831334）相一致，均为六边形 Cs_xWO_3 晶体，且无其他杂质峰，说明通过溶剂热方法可成功制备纯相的 Cs_xWO_3 纳米晶体，且物相在本实验范围内不随溶剂组成的变化而受到影响。

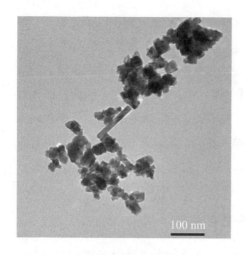

（a）100%体积乙醇

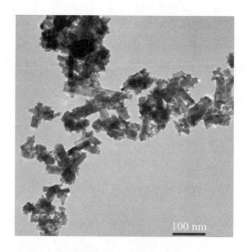

（b）90%体积的乙醇-10%体积的乙酸

（c）80%体积的乙醇-20%体积的乙酸

（d）60%体积的乙醇-40%体积的乙酸

图 3.1　不同溶剂配比下合成的铯钨青铜纳米粒子的透射电子显微镜照片

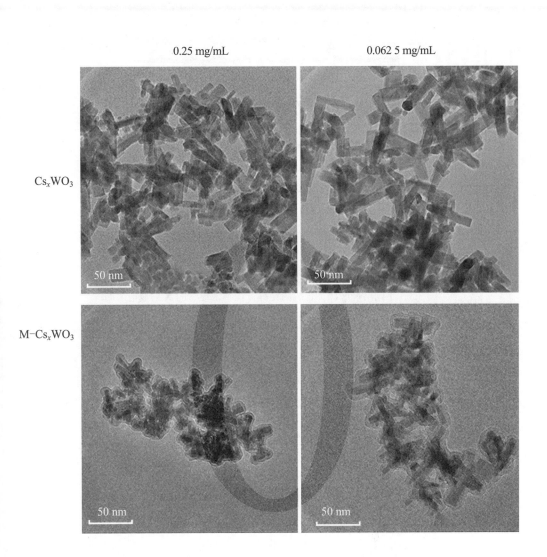

图 3.2　不同质量浓度的 Cs_xWO_3 与 $M-Cs_xWO_3$ 的透射电子显微镜照片

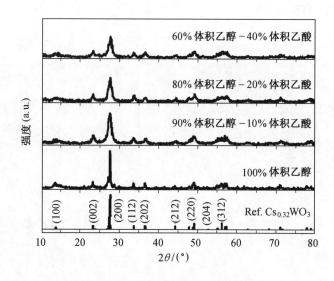

图 3.3　不同溶剂配比下合成的铯钨青铜纳米粒子的 X 射线衍射图

随后，本研究进一步通过 UV-vis-NIR 吸收光谱对不同溶剂配比下合成出的样品的光学吸收性质进行了考察，如图 3.4 所示。

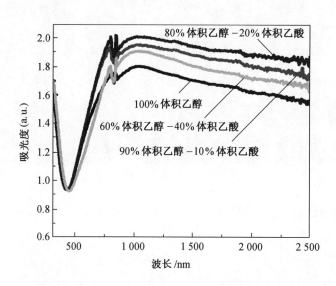

图 3.4　不同溶剂配比下合成的铯钨青铜纳米粒子的紫外-可见-近红外吸收光谱

从图 3.4 中可以看出，当使用纯乙醇作为溶剂时，合成的 Cs_xWO_3 在近红外光区吸收强度最低；当使用 90%体积的乙醇与 10%体积的乙酸作为溶剂时，合成出的样品在近红外光区的吸收显著增强；而当使用 80%体积的乙醇与 20%体积的乙酸作为溶剂时，合成出的样品在近红外光区吸收效果最佳；当增加乙酸的体积分数至 40%时，合成出的样品在近红外光区的吸收并没有增强，相比于前两组样品吸收强度反而更低。因此，可以得出结论：当使用 80%体积的乙醇与 20%体积的乙酸作为溶剂时，合成出来的样品在近红外光区具有更好的吸收能力。

综上所述，样品的形貌会影响其在近红外光区的光吸收性质。如图 3.1 所示的 4 种样品的粒子尺寸均较小，但 Cs_xWO_3 纳米棒却表现出更优异的近红外光吸收效果，这可能与其增强的表面等离子共振效果或声子/极化子跃迁效应（hopping 效应）相关。

3.2.2　反应温度对铯钨青铜纳米粒子合成的影响

确定最佳溶剂组成后（80%体积的乙醇–20%体积的乙酸），本研究在保证反应时间为 20 h 以及 Cs/W 摩尔比为 0.5 的条件下，进一步探究反应温度对 Cs_xWO_3 纳米粒子合成的影响，如图 3.5 所示。

在溶剂热反应中，反应温度是调控纳米粒子形貌与性能的重要参数之一。此外，反应温度通常会影响所生成纳米粒子的结晶度，一般反应温度越高，生成样品的结晶度越高。调整反应温度后（反应温度从低到高依次为 140 ℃、160 ℃、200 ℃以及 230 ℃），合成的 4 种样品的透射电子显微镜（TEM）照片如图 3.5 所示。合成的 Cs_xWO_3 纳米粒子只有当反应温度为 230 ℃时，样品为均一的棒状结构，而其他反应温度得到的样品的形貌、大小不均一，结晶性较差；并且各种样品随着反应温度的增加，样品的结晶性逐渐增强，当反应温度为 200 ℃时，大部分样品已经趋于棒状结构，验证了上述结论。

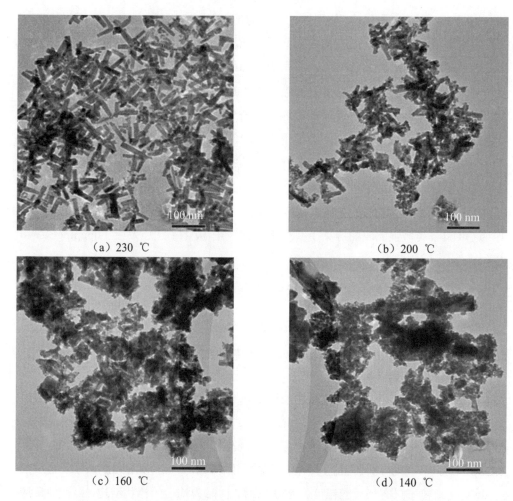

（a）230 ℃ （b）200 ℃

（c）160 ℃ （d）140 ℃

图 3.5　不同反应温度下合成的铯钨青铜纳米粒子的透射电子显微镜照片

　　为了检测在不同反应温度下合成的铯钨青铜纳米粒子的物相，对其进行了 XRD 测试，得到的 X 射线衍射图如图 3.6 所示。测试结果显示不同温度下合成的样品均为 Cs_xWO_3 纳米晶相，且无其他杂质峰，并且随着反应温度的增加，衍射峰强度略有增加，因此可得出如下结论：

　　（1）在 140～230 ℃均能合成 Cs_xWO_3 纳米粒子。

　　（2）反应温度会影响产物的形貌与结晶性，从而可能影响 Cs_xWO_3 纳米粒子在近红外光区的吸收效果。

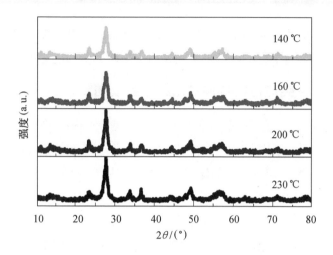

图 3.6　不同反应温度下合成的铯钨青铜纳米粒子的 X 射线衍射图

进一步通过 UV-vis-NIR 吸收光谱探究反应温度对合成样品的光学吸收性质的影响。如图 3.7 所示，随着反应温度的降低，合成的 Cs_xWO_3 纳米粒子在近红外光区的吸收强度逐渐降低，这是由于降低反应温度会使乙醇的还原性减弱，相应被还原出来的低价 W^{5+} 粒子数目减少，使合成的 Cs_xWO_3 纳米粒子的自由电子数减少、准金属性降低，从而造成其在紫外、可见以及近红外光区的光学吸收能力均减弱。

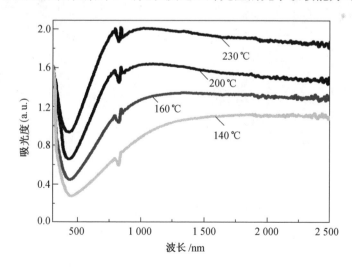

图 3.7　不同反应温度下合成的铯钨青铜纳米粒子的紫外-可见-近红外吸收光谱

综上所述，反应温度不仅可以改变 Cs_xWO_3 纳米粒子的形貌与结晶度，而且对其在近红外光区的光学吸收能力也产生显著影响，因此，230 ℃温度下合成的 Cs_xWO_3 纳米粒子具有更好的近红外吸收性质，可作为潜在的光治疗剂。

3.2.3　有机醇种类对铯钨青铜纳米粒子合成的影响

鉴于低碳数的有机直链醇类（包括甲醇、乙醇、正丙醇以及正丁醇）在理论上均可作为溶剂和还原剂用以合成 Cs_xWO_3 纳米粒子，因此本研究进一步探究有机醇的种类对 Cs_xWO_3 纳米粒子性质的影响。本研究选用常见的 C1–C4 的直链脂肪醇作为研究对象。首先对合成的 4 种样品进行 TEM 观察。利用不同有机醇合成的铯钨青铜纳米粒子的透射电子显微镜照片如图 3.8 所示，只有溶剂为乙醇时，合成的 Cs_xWO_3 纳米粒子才为均一的棒状结构，而利用其他醇类合成的粒子的形貌、大小不均一，且易聚集，因此利用乙醇合成出的 Cs_xWO_3 纳米粒子要优于利用其他醇类合成出的 Cs_xWO_3 纳米粒子。

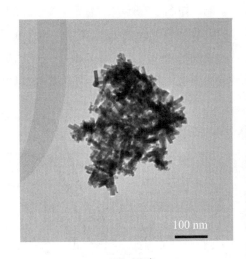

（a）乙醇　　　　　　　　　　　　　　　（b）甲醇

图 3.8　利用不同有机醇合成的铯钨青铜纳米粒子的透射电子显微镜照片

（c）正丙醇

（d）正丁醇

续图 3.8

利用不同有机醇合成的铯钨青铜纳米粒子的 X 射线衍射图如图 3.9 所示，进一步通过 XRD 对不同醇类合成的样品物相进行鉴定。结果显示即使选用不同的醇类作为反应溶剂，所合成的样品均为纯相的 Cs_xWO_3 结构，且无其他杂质峰。

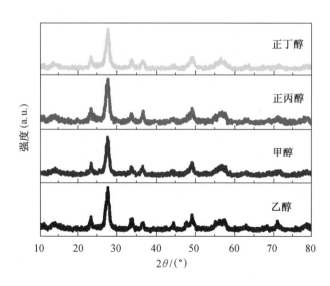

图 3.9　利用不同有机醇合成的铯钨青铜纳米粒子的 X 射线衍射图

不同有机醇合成的铯钨青铜纳米粒子的紫外–可见–近红外吸收光谱如图 3.10 所示，与其他醇类相比，利用乙醇作为溶剂所合成的样品在近红外光区的吸收强度明显高于加入其他有机直链醇类合成的样品，而利用甲醇、正丙醇与正丁醇合成的样品之间无明显吸收差异，表明使用乙醇合成的样品的光学吸收效果最好。

综上所述，通过对利用不同醇类制得样品的 TEM、XRD 以及 UV-vis-NIR 吸收数据进行分析可以得出结论：溶剂类型会影响所得样品的形貌与吸收性能，乙醇作为溶剂时可得到形貌均一、吸收性能优异的 Cs_xWO_3 纳米粒子。

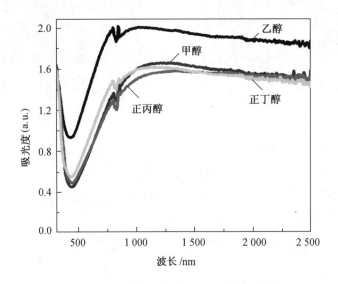

图 3.10　不同有机醇合成的铯钨青铜纳米粒子的紫外–可见–近红外吸收光谱

3.2.4　Cs/W 摩尔比对铯钨青铜纳米粒子合成的影响

如图 3.11 所示，对于六边晶系（M_xWO_3，$x \leqslant 0.33$），其单元原胞是由多个稳定的钨氧八面体共享顶点组成，钨氧八面体沿 c 轴方向共角相连，可被看作沿着[002]的钨氧八面体的堆栈结构。Cs_xWO_3 晶体结构包含由钨氧八面体所组成的六方孔道结构和三角孔道结构，其中六方孔道结构和三角孔道结构的比例为 1∶2，由于 Cs 的原子直径较大，在反应过程中其只能占据六方孔道，因此 Cs_xWO_3 晶体中 Cs 与 W 的最大理论摩尔比为 1∶3。本研究在上述最佳条件下，探究 Cs/W 摩尔比对 Cs_xWO_3 纳米粒子合成的影响。

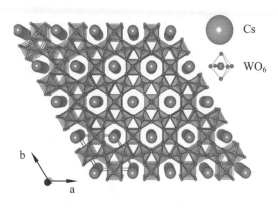

图 3.11　铯钨青铜纳米粒子的晶体结构示意图

本研究首先对不同 Cs/W 摩尔比条件下合成的样品进行 TEM 观察。如图 3.12 所示，只有当 Cs/W 摩尔比为 1∶2 时，合成的 Cs_xWO_3 纳米粒子才为均一的棒状结构。Cs/W 摩尔比为其他比例时，合成样品的形貌不均一。

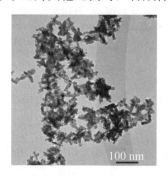

（a）Cs/W 摩尔比为 1∶1　　　　　　（b）Cs/W 摩尔比为 1∶2

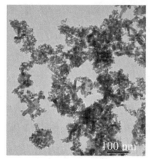

（c）Cs/W 摩尔比为 1∶3　　　（d）Cs/W 摩尔比为 1∶5　　　（e）Cs/W 摩尔比为 1∶10

图 3.12　不同 Cs/W 摩尔比条件下合成的铯钨青铜纳米粒子的透射电子显微镜照片

如图 3.13 所示,对合成的样品进行 XRD 分析可以得知,不同的 Cs/W 摩尔比(即 $n(\text{Cs}):n(\text{W})$)条件下合成的样品均为 Cs_xWO_3 纳米粒子,且无其他杂质峰,因此可得出结论:Cs/W 摩尔比在 0.1~1 的范围内均可以合成 Cs_xWO_3 纳米粒子。

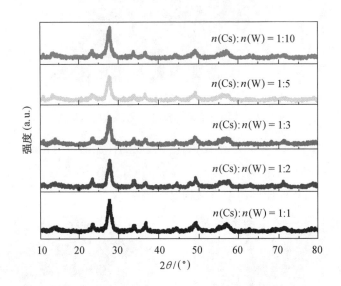

图 3.13 不同 Cs/W 摩尔比条件下合成的铯钨青铜纳米粒子的 X 射线衍射图

如图 3.14 所示,当 Cs/W 摩尔比为 1∶2 时,合成的样品在近红外光区吸收效果最好,Cs/W 摩尔比减小时,合成的样品在近红外光区的吸收性能逐渐降低。这是由于当 Cs/W 摩尔比小于 0.33 时,Cs_xWO_3 晶体中 Cs 的含量相应减少,而体系中 W^{5+} 的含量取决于 Cs 的含量,一个 Cs 原子的插入将还原出一个 W^{5+},因此 Cs/W 低摩尔比时近红外吸收能力的下降是由于 Cs 含量较低造成的 W^{5+} 过少。在 Cs/W 摩尔比为 1∶1 时,虽然在 1 650~2 500 nm 吸收值比 Cs/W 摩尔比为 1∶2 的吸收值高,但其在光治疗区 800~1 400 nm 并没有 Cs/W 摩尔比为 1∶2 的吸收值高,这可能是由于加入氢氧化铯浓度过大,使得反应的 pH 过高,导致钨氧化物的结晶受到了影响。

上述结果表明,改变 Cs/W 摩尔比会影响所得 Cs_xWO_3 纳米粒子的形貌与近红外光区的吸收性能,当 Cs/W 摩尔比为 1∶2 时,合成的 Cs_xWO_3 纳米粒子形貌均一,近红外光区的吸收性能优异。

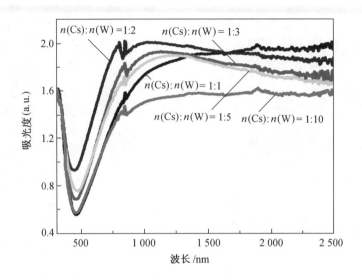

图 3.14　不同 Cs/W 摩尔比条件下合成的铯钨青铜纳米粒子的紫外-可见-近红外吸收光谱

3.2.5　给水方式对铯钨青铜纳米粒子合成的影响

　　为了证明本实验通过选择乙醇与乙酸作为混合溶剂，利用其加热过程中发生的酯化反应，在晶化的温度下缓释出水分子的方法要优于直接加入水的方法，本研究探究体系中给水方式对 Cs_xWO_3 纳米粒子合成的影响。如图 3.15 所示，通过乙醇-乙酸混合缓释出水合成的样品为大小均一的棒状结构，而直接在反应前加水方式获得的样品则成絮状且无规则形貌。这是由于溶剂缓释出水的方法有利于 Cs_xWO_3 纳米粒子的均匀成核以及粒子尺寸的控制。由此表明，溶剂缓释出水的方法比直接加入水的方法合成的样品具有更佳的形貌。

　　对上述两个样品进行 XRD 分析，得到的 X 射线衍射图如图 3.16 所示，直接加水的方法与溶剂缓释出水方法均能合成 Cs_xWO_3 纳米粒子，且无其他杂质峰，因此可以得出结论：两种方法均能合成 Cs_xWO_3 纳米粒子。

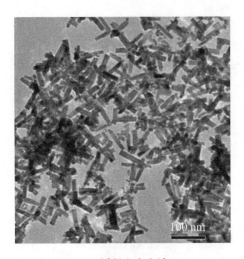

（a）缓释出水方法　　　　　　　　（b）直接加水方法

图 3.15　缓释水与直接加水方法合成的铯钨青铜纳米粒子的透射电子显微镜照片

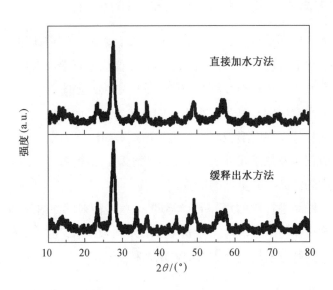

图 3.16　缓释水与直接加水方法合成的铯钨青铜纳米粒子的 X 射线衍射图

本研究进一步通过 UV-vis-NIR 吸收光谱方法，对直接加水与溶剂缓释出水两种方法合成出的样品进行了测试，其紫外-可见-近红外吸收光谱如图 3.17 所示，测试结果显示通过缓释出水方法合成的样品在波长为 200～2 500 nm 的吸收效果明显优于通过直接加水方法合成的样品。

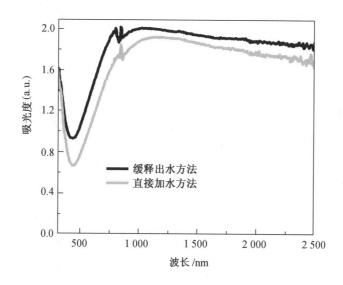

图 3.17　缓释出水与直接加水方法合成的铯钨青铜纳米粒子的紫外-可见-近红外吸收光谱

上述结果表明水的给予方式会影响 Cs_xWO_3 纳米粒子的形貌与吸收性能，当选用缓释出水的方法合成 Cs_xWO_3 纳米粒子时，合成的样品粒子形貌均一，吸收性能优异。

3.3　本章小结

本研究通过调节溶剂组成比例、反应温度、脂肪醇种类、Cs/W 摩尔比以及体系中给水方式研究了上述反应条件对样品合成的影响，利用 TEM、XRD 以及 UV-vis-NIR 光谱等技术手段确定了 Cs_xWO_3 纳米粒子的最佳合成条件。

（1）Cs_xWO_3 纳米粒子的最佳合成条件为：80%体积的乙醇与20%体积的乙酸，反应温度为 230 ℃，反应溶剂为乙醇，Cs/W 摩尔比为 1∶2，并且采用缓释出水方式。

（2）在上述最佳条件下合成的样品为形貌均一、长度约为 70 nm、直径约为 13 nm 的 Cs_xWO_3 纳米棒，其为六边钨青铜结晶相，在整个近红外光区具有全谱吸收特性。

第4章　聚电解质修饰的铯钨青铜纳米粒子的制备及对肿瘤诊疗的作用

近年来，结合了多重成像和治疗手段的诊疗一体化体系在生物医药领域受到了广泛关注，引入多重成像手段可以更精确地获取实时诊断信息，医生通过这些信息不仅可以监测患者病变区域的生理和病理的变化过程，还可以更好地评估治疗效果。但大多数多功能诊疗系统仅仅是简单地将具有不同功能的组分集中于一个体系中，这种方法往往会导致不同组分之间存在不可预知的相互干扰，从而削弱了各个组分的性能。

本书第3章通过优化反应条件，成功制备了形貌均一、近红外吸收较好的 Cs_xWO_3 纳米粒子。由于合成的 Cs_xWO_3 纳米粒子具有优异的近红外吸收性能，因此有望用于 PAT 成像造影，并可能具有优异的 PTT 以及 PDT 效果；同时，合成的 Cs_xWO_3 纳米粒子中含有原子序数较高的钨元素（$Z=74$），因此其可用于 CT 成像造影。将合成的 Cs_xWO_3 纳米粒子分散在去离子水中，发现其在去离子水中具有良好的分散性，这是由于 Cs_xWO_3 纳米粒子表面有大量的负电荷，分散在去离子水中其表面衍生了大量的 W-OH（即表面带有大量负电的羟基的 Cs_xWO_3）所致，但如果将 Cs_xWO_3 纳米粒子分散在细胞培养基或磷酸缓冲溶液中，其在这两种溶液中的分散性则大幅度下降，这可能是由于高离子强度对扩散双电层的破坏所致。为了解决这一问题，本研究通过层层自组装的方式将具有不同电荷的聚电解质（PAH：带正电的聚电解质；PSS：带负电的聚电解质）修饰在 Cs_xWO_3 纳米粒子表面，将其作为多功能诊疗剂用于成像介导的光治疗研究。PAH 与 PSS 常用于中空囊泡的制备与药物的控释研究，且均具有良好的生物相容性。Cs_xWO_3 纳米粒子经 PAH 与 PSS 修饰后，在生理环境中具有良好的分散性。鉴于细胞膜表面带负电，因此带正电的纳米材料更容易被细胞摄取，故本研究将 Cs_xWO_3 纳米粒子最外层设计为带正电的 PAH 层。通过 MTT 的方法与流式细胞术分别检测修饰后的 Cs_xWO_3 的 PTT 与 PDT 效果以及其诱导细胞的死亡方式（细胞坏死与细胞凋亡），同时选取 HeLa 细胞以及 HeLa 荷瘤小鼠作为研究对象，探究在近红外光照射下，该修饰后的材料对癌细胞以及肿瘤的光治疗效果，进一步应用 PAT 成像和 CT 成像研究该材料在生物体内的造影效果。通过测定治疗过程中小鼠体重的变化以及观察小鼠各主要脏器的组织切片，分析评估该材料的体内毒性，期望获得具有优异的 PAT 成像性能与 CT 成像性能，并具有 PTT 与 PDT 协同治疗效果的多功能诊疗系统。

4.2　聚电解质修饰的铯钨青铜纳米粒子（$M-Cs_xWO_3$）的表征

4.2.1　纳米粒子的 TEM 观察

Cs_xWO_3 纳米粒子由第 3 章的最优化条件下制备获得，如图 4.1（a）中透射电子显微镜（TEM）照片所示，合成的 Cs_xWO_3 纳米粒子为棒状形貌，直径约为 13 nm，长度约为 70 nm。由于 Cs_xWO_3 纳米粒子的合成过程无表面活性剂或修饰剂的加入，因此，从 TEM 照片中可见，Cs_xWO_3 纳米棒表面光滑。从 TEM 得到的元素分布如图 4.1（b）所示，合成的 Cs_xWO_3 纳米粒子同时含有 Cs、W 和 O 3 种元素，并且通过得到的能谱数据确定 Cs/W 原子比约为 0.32，这与标准物质 $Cs_{0.32}WO_3$ 的 Cs/W 原子比一致。经聚电解质修饰后，获得如图 4.1（c）所示的形貌（命名为 $M-Cs_xWO_3$）。通过 TEM 照片可以清晰地看到粒子表面的聚电解质层，其厚度约为 7 nm。

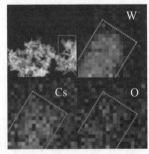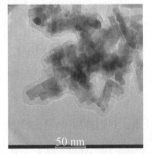

（a）Cs_xWO_3 的 TEM 照片　　（b）Cs_xWO_3 的元素分布图　　（c）$M-Cs_xWO_3$ 的 TEM 照片

图 4.1　Cs_xWO_3 与 $M-Cs_xWO_3$ 的透射电子显微镜照片与元素分布图

4.2.2　表面电位与水合粒径测定

本研究通过层层自组装的方式对 Cs_xWO_3 表面进行修饰，修饰的聚电解质总层数为 3，进一步通过 Zeta 电位（电动电位或电动电势）测试，检测每一步修饰后纳米粒子表面电位的变化。逐层修饰的样品 Zeta 电位的测定结果见表 4.1，纳米粒子的表面电位随着逐层正负聚电解质的修饰在正负值之间交替变化，未被修饰的 Cs_xWO_3 表面 Zeta 电位值为 (-67.55 ± 0.92) mV。因此需要首先使用带正电的 PAH 对其进行修饰，随着 PAH 与 PSS 的逐层修饰，纳米粒子电位由 (28.57 ± 1.38) mV 变为 (-36.71 ± 0.36) mV，最终变为 (30.38 ± 1.57) mV。以上获得的数据表明通过层层自组装的方式，成功地将具有不同电性的聚电解质修饰在 Cs_xWO_3 表面。

表 4.1　逐层修饰的样品 Zeta 电位的测定结果

样品	电位/mV
Cs_xWO_3	-67.55 ± 0.92
Cs_xWO_3@PAH	28.57 ± 1.38
Cs_xWO_3@PAH/PSS	-36.71 ± 0.36
Cs_xWO_3@PAH/PSS/PAH($M-Cs_xWO_3$)	30.38 ± 1.57

生物体内是一个含有水的环境，因此水合粒径更能反映纳米粒子在体内环境的真实大小。本研究对 Cs_xWO_3 纳米粒子修饰前后水合粒径的变化进行了表征，修饰前后 Cs_xWO_3 的水合粒径分布图如图 4.2（a）所示，未被修饰的 Cs_xWO_3 纳米粒子水合粒径为 122 nm，经过聚电解质修饰后，$M-Cs_xWO_3$ 水合粒径变为 361 nm。据文献报道，单层的聚电解质层的水合粒径可以达到 20～100 nm，因此 $M-Cs_xWO_3$ 的水合粒径比未被修饰的 Cs_xWO_3 纳米粒径增加了 239 nm，该结果也进一步证明了聚电解质的成功修饰。此外，肿瘤血管形态是不规则的，并且血管壁上有许多较大孔洞，这些孔洞的直径在 100 nm～1 μm 之间，而正常血管壁只有较小的孔洞（5～10 nm），$M-Cs_xWO_3$ 具有较为理想的水合粒径大小（361 nm），其在血液中可以有效地富集在肿瘤区域（EPR 效应）。因此，$M-Cs_xWO_3$ 既适用于肿瘤内注射治疗也适用于尾静脉注射治疗。

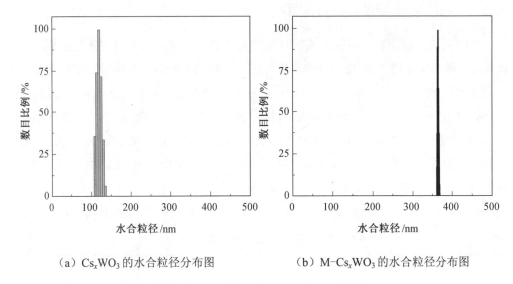

（a）Cs$_x$WO$_3$ 的水合粒径分布图　　　　（b）M-Cs$_x$WO$_3$ 的水合粒径分布图

图 4.2　修饰前后 Cs$_x$WO$_3$ 的水合粒径分布图

4.2.3　热重分析

为了量化 Cs$_x$WO$_3$ 纳米粒子表面修饰的聚电解质的量，本研究对修饰前后的 Cs$_x$WO$_3$ 进行热重分析。热重分析具有较强的定量分析特点，能准确测量物质质量的变化。样品测试条件为在空气中煅烧，测试选取温度为 20～800 ℃。Cs$_x$WO$_3$ 与 M-Cs$_x$WO$_3$ 的热重曲线如图 4.3 所示，未经修饰的 Cs$_x$WO$_3$ 经煅烧后，样品质量在20～250 ℃略微减少，而在 550 ℃以上略微增加。在 20～250 ℃样品的质量减少可归因于样品中水的损耗，包括表面吸附水（100 ℃）以及结构水（250 ℃）的损耗。而其在 550 ℃时的质量增加可认为是 Cs$_x$WO$_3$ 在高于某一温度时，在空气中氧的作用下发生 W^{5+} 到 W^{6+} 转换的结果，发生的化学反应见式（4.1）。

$$\frac{\mathrm{Cs}_x\mathrm{WO}_3 + x}{4\mathrm{O}_2} = \mathrm{Cs}_x\mathrm{WO}_{3+x/2} \qquad （4.1）$$

而从 M-Cs$_x$WO$_3$ 的热重曲线可以看出，M-Cs$_x$WO$_3$ 在 20～100 ℃区间有少量质量损失，这是由于 M-Cs$_x$WO$_3$ 脱去了物理或化学结合的水所致。而 M-Cs$_x$WO$_3$ 在 100～510 ℃区间有明显的失重，这些质量损失是由于其表面的聚电解质燃烧分解所致。因此，根据热重曲线分析可知：①在 550 ℃以下，处于空气气氛下的 Cs_xWO_3 纳米棒具有较好的化学稳定性；②通过计算，修饰到 Cs_xWO_3 表面的聚电解质的质量分数为 11.4 %。

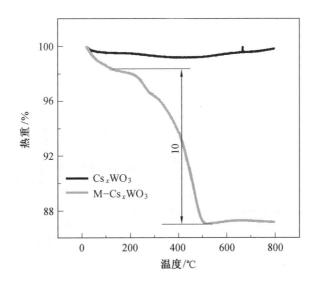

图 4.3　Cs_xWO_3 与 $M-Cs_xWO_3$ 的热重曲线

4.2.4　$M-Cs_xWO_3$ 的 XRD 与 XPS 分析

随后，本研究进一步对聚电解质修饰后的 Cs_xWO_3 纳米粒子进行晶体结构以及价态的测定。如图 4.4 所示，修饰后的 Cs_xWO_3 纳米粒子的 X 射线衍射图与 $Cs_{0.32}WO_3$ 的标准卡片一致（JCPDS No. 831334），且无其他杂质峰，说明其晶体结构经过聚电解质修饰后并未改变（图 4.4（a））。Cs_xWO_3 纳米粒子中的钨离子不是以单一价态形式存在，而是以五价钨离子（W^{5+}）和六价钨离子（W^{6+}）混合的形式存在（可表示为 $Cs_xW_x^{+5}W_{1-x}^{+6}O_3$），聚电解质的修饰在理论上不会改变 Cs_xWO_3 纳米粒子中钨离子的存在形式。为了验证这一结论，本研究对聚电解质修饰后的 Cs_xWO_3 纳米粒子进行 XPS 测试，如图 4.4（b）所示，对其的 W4f 光电子能谱进行分峰拟合，可将其分为两组旋转轨道耦合双峰。位于 35.2 eV 与 37.3 eV 的特征吸收峰分别归属于 W^{6+} 的 $W4f_{5/2}$ 与 $W4f_{7/2}$ 峰，位于 34.4 eV 与 36.5 eV 的特征吸收峰归属于 W^{5+} 的 $W4f_{5/2}$

与 W4f$_{7/2}$ 峰，证明聚电解质修饰后的样品中钨元素是以 W^{5+}和 W^{6+}混合形式存在的，并且两个双峰自旋能差值均为 2.1 eV，与文献报道相一致。以上数据表明 Cs$_x$WO$_3$ 纳米粒子经聚电解质修饰后，其含有的钨元素价态未发生改变。

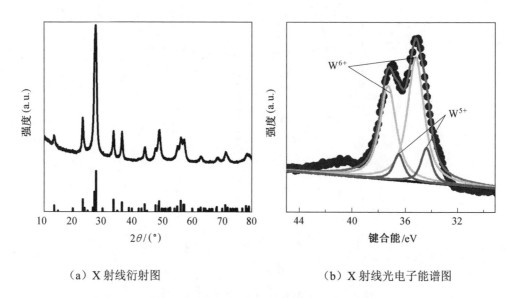

（a）X 射线衍射图　　　　　　　　（b）X 射线光电子能谱图

图 4.4　M–Cs$_x$WO$_3$ 的 X 射线衍射与 X 射线光电子能谱图

4.3　M–Cs$_x$WO$_3$ 的光响应性质

4.3.1　M–Cs$_x$WO$_3$ 的光吸收性质

分析聚电解质修饰后的 Cs$_x$WO$_3$ 纳米粒子的光吸收性质。通过紫外-可见-近红外（UV-vis-NIR）吸收光谱，将 M–Cs$_x$WO$_3$ 经过离心、冷冻干燥后，得到 M–Cs$_x$WO$_3$ 粉体后经压片处理后再测试。固体粉末的吸收光谱如图 4.5（a）所示，M–Cs$_x$WO$_3$ 的本征吸收带边界约在 500 nm 左右，与三氧化钨禁带宽度 2.5 eV 相一致。值得注意的是 M–Cs$_x$WO$_3$ 粉体在可见光区和近红外光区（650～2 500 nm）均具有强而宽的吸收性能，这一区域的吸收光谱包含了光学"第一生物窗口"（650～950 nm）与"第二生物窗口"（1 000～1 350 nm）。由于 Cs$_x$WO$_3$ 含有低价态钨离子使其具有三氧化钨不具备的可见–近红外光的响应性能，因此，M-Cs$_x$WO$_3$ 满足用于光热剂与光敏剂的光学相应特性。进一步探究 M-Cs$_x$WO$_3$ 水溶液的吸收光谱，如图 4.5（b）所示，去离子水在可见光区几乎未被吸收，而在 850～1 100 nm 有一较弱的吸收峰，这一吸收峰最大吸收值位于 980 nm 处。考虑到人体组织也含有水，如果选择这一波长可能会降低激光治疗的穿透深度，且还会对正常组织造成伤害。因此本研究选择 880 nm 与 1 064 nm 的近红外激光分别作为"第一生物窗口"与"第二生物窗口"的代表光源进行 PTT 与 PDT 协同治疗，880 nm 与 1 064 nm 波长处对应的离子水的吸收值均较低，避免了对正常组织的损伤。不同浓度的 M-Cs$_x$WO$_3$ 分散液均在可见–近红外光区有显著的光学吸收效应，并且吸收强度随着浓度的增加而增强。

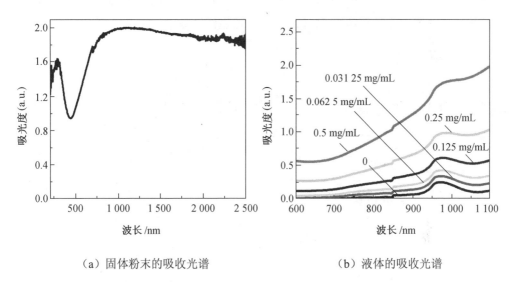

（a）固体粉末的吸收光谱　　　　　　（b）液体的吸收光谱

图 4.5　固体 M-Cs$_x$WO$_3$ 与其不同质量浓度液体的紫外–可见–近红外吸收光谱

目前有多种理论可以用于解释氧化钨在近红外光区的吸收机制，但其中被广为接受的两种理论为价间电荷转移理论与小极子化吸收理论。这两种理论均认为氧化钨在近红外光区的吸收与其表面的自由电子与氧缺陷诱导的小极子化密切相关。当由无定形氧化钨或氧化钨纳米晶体组成无序薄膜时，膜上会形成局域电子，即在晶格上出现了局域波函数，并产生晶格畸变。而局域电子会进一步导致周围的晶格发生极化，从而形成小极子。这些局域电子的波函数和晶格临近原子的波函数发生一定程度的重叠。因此，Cs$_x$WO$_3$ 产生近红外吸收的机制与氧化钨相似，是由非等价的钨离子间电子跃迁而产生的极化子的迁移所致，若用 a 和 b 分别表示两个非等价的钨离子，则发生反应的方程见式（4.2）。

$$hv + W_{(a)}^{5+} + W_{(b)}^{6+} \rightarrow W_{(a)}^{6+} + W_{(b)}^{5+} + E_{\text{phonon}} \qquad （4.2）$$

式中，hv——近红外光的光能；

    E_{phonon}——声子能量。

4.3.2　M-Cs$_x$WO$_3$ 的光热转化性质研究

PTT 主要是利用光热剂吸收光能并将其转化为热能，理想的光热剂应具有优异的光热转化性能。本研究考察 M-Cs$_x$WO$_3$ 的光热转化能力，结果如图 4.6 所示。

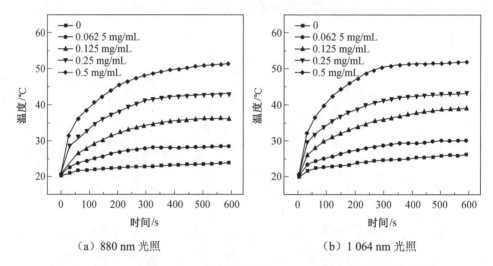

（a）880 nm 光照　　　　　　（b）1 064 nm 光照

图 4.6　在 880 nm 或 1 064 nm 激光照射下 M-Cs$_x$WO$_3$ 温度与时间的关系曲线

将 1 mL 不同质量比的 M-Cs$_x$WO$_3$ 分散液分别加入 1 mL 石英管中，分别在 880 nm 与 1 064 nm 光源照射下（激光功率密度为 2 W/cm^2），去离子水有较小的升温幅度，并且去离子水在 1 064 nm 激光照射下升高的温度略高于其在 880 nm 照射下升高的温度，这是由于去离子水在 1 064 nm 处的吸光度略高于 880 nm 所致。相比之下，M-Cs$_x$WO$_3$ 水溶液在光源照射后升温较快且较强，并且随着其质量比的增加，升温效果更加显著。在 880 nm 近红外激光照射下，不同质量比 M-Cs$_x$WO$_3$ 溶液的温度在

10 min 内分别能从 20 ℃升高到 23.7 ℃、28.3 ℃、35.7 ℃、42.8 ℃与 51.2 ℃（按质量比从小到大顺序）。而在 1 064 nm 近红外激光照射下，不同质量比 M-Cs$_x$WO$_3$ 溶液的温度在 10 min 内分别能从 20 ℃升高到 26.5 ℃、30.6 ℃、39.8 ℃、44.7 ℃ 与 54 ℃（按质量比从小到大顺序）。各质量比的 M-Cs$_x$WO$_3$ 溶液在 1 064 nm 的激光照射下比在 880 nm 激光照射下具有更强的升温能力，这可能是由于其在 1 064 nm 处的光吸收值比在 880 nm 处高所致。由此表明，M-Cs$_x$WO$_3$ 可以作为一种理想的光热剂用于肿瘤的 PTT。

4.4 M-Cs$_x$WO$_3$ 光生单线态氧的检测

4.4.1 M-Cs$_x$WO$_3$ 在溶液中光生单线态氧的检测

在肿瘤细胞周围产生具有细胞毒性的活性氧（ROS）是 PDT 的先决条件。单线态氧（$^1O_2$）作为一种十分重要的 ROS，其可以有效地诱导肿瘤细胞凋亡。本研究检测 M-Cs$_x$WO$_3$ 水溶液分别在 880 nm 与 1 064 nm 两个波长的近红外激光不同时间照射下（激光功率密度为 2 W/cm^2）产生 $^1O_2$ 的能力，加入 DPBF 探针的去离子水与 M-Cs$_x$WO$_3$ 溶液在不同波长和光照时间下的吸收光谱如图 4.7 所示。

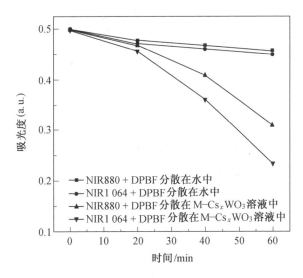

图 4.7 加入 DPBF 探针的去离子水与 M-Cs$_x$WO$_3$ 溶液在不同波长和光照时间下的吸收光谱

1, 3-二苯基异苯并呋喃（DPBF）探针被选为 $^1O_2$ 的检测剂。DPBF 探针的光吸收最大波长为 410 nm，一旦有 $^1O_2$ 产生，其就会被分解，吸光度会显著下降。因此，本研究采用紫外-可见（WV-vis）吸收光谱法检测 $M-Cs_xWO_3$ 纳米粒子在溶液中产生 $^1O_2$ 的能力。

在 880 nm 与 1 064 nm 两个波长的近红外激光照射下，去离子水也能产生少量 $^1O_2$，并且 1 064 nm 近红外激光照射产生 $^1O_2$ 的量略高于 880 nm 近红外激光照射。与去离子水相比，在两种近红外激光的照射下，$M-Cs_xWO_3$ 水溶液在 410 nm 处的吸收值显著下降。因此证明了分别在这两种近红外激光的照射下 $M-Cs_xWO_3$ 均可以产生大量的 $^1O_2$，并且在 1 064 nm 波长光照射下可以产生更多的 $^1O_2$，这可能是由于 $M-Cs_xWO_3$ 在 1 064 nm 处具有更高的吸收性能所致。基于上述的分析结果表明，$M-Cs_xWO_3$ 可以作为一种理想的光敏剂用于肿瘤的 PDT。

为了进一步证明 $M-Cs_xWO_3$ 产生 $^1O_2$ 的能力，本研究还通过电子自旋共振（ESR）光谱的方法进行检测，TEMP 作为 $^1O_2$ 捕获剂，得到的 ESR 光谱如图 4.8 所示。

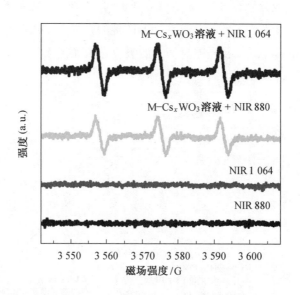

图 4.8　加入 TEMP 捕获剂的 $M-Cs_xWO_3$ 溶液在近红外光照射 10 min 后产生的 ESR 光谱

若有 $^1O_2$ 产生，其会与 TEMP 捕获剂发生反应，生成稳定的 TEMPO 加成物，ESR 光谱上会出现 TEMPO 典型的等强度三重峰。室温条件下，用波长为 880 nm 或 1 064 nm（2 W/cm^2）的近红外光照射去离子水时（照射时间为 10 min），由于产生的 $^1O_2$ 较少，因此 ESR 光谱上无 TEMPO 信号产生；在相同条件下，用波长为 880 nm 或 1 064 nm 的近红外光照射 M-Cs$_x$WO$_3$ 水溶液时（照射时间为 10 min），ESR 光谱上出现了 TEMPO 典型的等强度三重峰，证明 M-Cs$_x$WO$_3$ 水溶液在这两种近红外光照射下均可以产生 $^1O_2$，这与图 4.7 所示数据结果相一致。因此，也进一步证明了 M-Cs$_x$WO$_3$ 可用于肿瘤的 PDT。

目前，使用 Cs$_x$WO$_3$ 纳米粒子作为光敏剂的报道较少，因此其在溶液中光生 $^1O_2$ 的机理还不明确。本节将分析并讨论可能的 $^1O_2$ 产生机理。首先，温度的升高会诱导溶液中 ROS 的产生。据文献报道，当溶液中温度升高超过 37 ℃时，产生的热量会诱导溶液中的溶解氧形成 ROS，其包括单线态氧（$^1O_2$）、超氧自由基（•O$_2^-$）、过氧化氢（H$_2$O$_2$）以及羟基自由基（•OH）等，并且产生 ROS 的量随温度的升高而增多。如前文所述（图 4.6），在波长为 880 nm 或 1 064 nm 的近红外激光照射下，M-Cs$_x$WO$_3$ 纳米粒子呈现出优异的光热性能，因此会有 $^1O_2$ 的产生。其次，与文献报道的氧缺陷型的二氧化钛纳米粒子类似，Cs$_x$WO$_3$ 纳米粒子在近红外光照射下具有较好的光电效应，W^{5+} 在近红外光照射下可以产生光致电子，溶液中的溶解氧捕获产生的光致电子后，会发生一系列光化学反应过程，从而产生 •O$_2^-$、•OH 以及 $^1O_2$ 等一系列自由基。综上所述，由热刺激以及光电效应产生 ROS 的机理均可以较好地解释 M-Cs$_x$WO$_3$ 纳米粒子在溶液中光生单线态氧的现象。

4.4.2　M-Cs$_x$WO$_3$ 在细胞内光生单线态氧的检测

M-Cs$_x$WO$_3$ 纳米粒子在细胞中所处的环境要比其在水溶液中更为复杂，虽然其在水溶液中具有较强的 $^1O_2$ 产生能力，但其在细胞中产生 $^1O_2$ 的能力需要进一步验证。本研究通过荧光成像的方法对 M-Cs$_x$WO$_3$ 在细胞内产生 $^1O_2$ 的能力进行了检测。使用 2′, 7′-二氯氢化荧光素乙二脂（H$_2$DCFDA）作为细胞内 $^1O_2$ 的检测探针，它是一种非荧光探针，当细胞内产生 $^1O_2$ 时，其会产生具有较强绿色荧光的 2′, 7′-二氯荧光素（DCF）。未经任何处理的 HeLa 细胞作为阴性对照组，HeLa 细胞与 50 mmol/L H$_2$O$_2$ 共培养作为阳性对照组。

如图 4.9 所示，阴性对照组无绿色荧光（图中白点即为绿色荧光），说明其中没有产生 $^1O_2$，而在波长为 880 nm 或 1 064 nm 的近红外激光照射下（激光功率密度为 2 W/cm^2），较少的细胞有较弱的绿色荧光产生，说明在这两种波长的近红外光照射下，细胞有少量的 $^1O_2$ 产生。阳性对照组有较强的绿色荧光，这是由于双氧水分解而产生大量的 $^1O_2$ 所致。波长为 880 nm 或 1 064 nm 的近红外激光照射下，加入 M–Cs$_x$WO$_3$ 的两个实验组细胞均能产生较强的绿色荧光，并且 1 064 nm 近红外激光照射的实验组细胞荧光更强。这与 4.4.1 节得到的结果相符。因此证明在波长为 880 nm 或 1 064 nm 的近红外光照射下，M–Cs$_x$WO$_3$ 均可以在细胞内产生 $^1O_2$，表明 M–Cs$_x$WO$_3$ 是一种潜在的光敏剂。

M–Cs$_x$WO$_3$ 在细胞中光生 $^1O_2$ 的可能原因除了上述提到的热刺激以及光电效应产生 ROS 的机理外，还与细胞内的线粒体功能相关。据文献报道，线粒体受热后会产生较多的 •O$_2^-$，其易自发或被超氧化物歧化酶催化产生 H$_2$O$_2$，过氧化氢会进一步分解而产生 $^1O_2$。因此在波长为 880 nm 或 1 064 nm 的近红外激光照射下，M–Cs$_x$WO$_3$ 均具有较好的 PDT 效果。

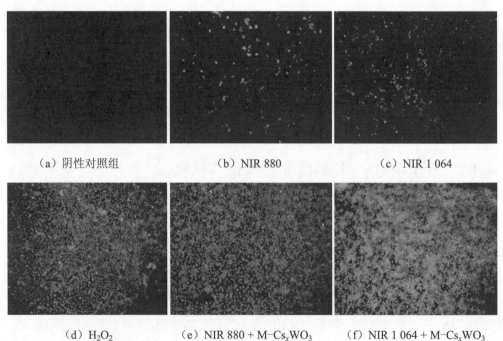

（a）阴性对照组　　　　　（b）NIR 880　　　　　（c）NIR 1 064

（d）H$_2$O$_2$　　（e）NIR 880 + M–Cs$_x$WO$_3$　　（f）NIR 1 064 + M–Cs$_x$WO$_3$

图 4.9　不同波长近红外光照射 M–Cs$_x$WO$_3$ 处理的 HeLa 细胞产生 $^1O_2$ 的荧光显微镜图像（标尺：200 μm）

4.5　M–Cs$_x$WO$_3$ 用于 CT 成像与光声成像的检测

4.5.1　M–Cs$_x$WO$_3$ 用于体内外的 CT 成像

理想的诊疗剂应同时兼备成像与治疗的功能。由于 CT 成像具有较强的组织穿透能力、较高的三维分辨率、测试费用相对较低以及可用于多种疾病检查而被广泛应用于医学诊断领域。考虑到 M–Cs$_x$WO$_3$ 中钨（W）元素具有较大的原子序数（Z=74）及较强的 X 射线衰减系数，因此其可以用作 CT 成像的对比增强剂。碘海醇是一种常见的商业 CT 造影剂，其可用于血管、泌尿系统、冠状动脉、脊髓、骨关节以及淋巴系统的造影，具有毒性低和耐受性好等特点。本研究将 M–Cs$_x$WO$_3$ 与传统的 CT 对比增强剂碘海醇做比较，通过对比单位质量浓度的两种造影剂在 HeLa 荷瘤小鼠体内外的造影效果，探究 M–Cs$_x$WO$_3$ 作为一种新型 CT 造影剂的优势。

首先，将含碘（I）或钨（W）质量浓度分别为 0.312 5 mg/mL、0.625 mg/mL、1.25 mg/mL、2.5 mg/mL、5 mg/mL 以及 10 mg/mL 的碘海醇与 M–Cs$_x$WO$_3$ 溶液加入到 1.5 mL 离心（EP）管中，将所有 EP 管按质量浓度从小到大的顺序依次放入自制模具中，然后将模具置于小动物 CT 成像仪器的凹槽之上进行测试，得到的灰阶图像如图 4.10 所示。

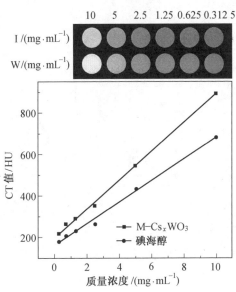

图 4.10　M–Cs$_x$WO$_3$ 与碘海醇溶液的灰阶图像及 CT 值与质量浓度关系曲线

对于碘海醇与 M-Cs$_x$WO$_3$ 溶液，随着碘（I）或钨（W）元素浓度的增加，与之相对应的灰阶图像的亮度逐渐增强。进一步对得到的灰阶图像进行拟合计算，得到 M-Cs$_x$WO$_3$ 与碘海醇溶液 CT 信号值与它们相对应的质量浓度变化关系曲线。从图 4.10 中可以看出，M-Cs$_x$WO$_3$ 与碘海醇溶液 CT 信号值与它们相对应的质量浓度呈现出良好的线性关系。经线性拟合计算，M-Cs$_x$WO$_3$ 的斜率为 68.84 HU L/g，而碘海醇的斜率为 51.84 HU L/g，M-Cs$_x$WO$_3$ 的斜率约是碘海醇的斜率的 1.33 倍，说明 M-Cs$_x$WO$_3$ 较碘海醇具有更好的 CT 造影效果。

随后，本研究又检测了 M-Cs$_x$WO$_3$ 在小鼠肿瘤内的 CT 成像效果。将小鼠经气体麻醉后置于小动物 CT 成像仪器的凹槽之上进行测试，从而获得注射 M-Cs$_x$WO$_3$ 前小鼠的灰阶图与三维拟合图像。然后，将 M-Cs$_x$WO$_3$ 纳米粒子分散于生理盐水中，质量浓度为 4 mg/mL，将体积为 50 μL 的 M-Cs$_x$WO$_3$ 溶液通过瘤内注射到小鼠体内。瘤内注射 M-Cs$_x$WO$_3$ 溶液前后的 CT 成像图如图 4.11 所示，注射 5 min 后，可以清晰地检测到肿瘤的信号，并且肿瘤信号的强度明显高于周围正常的生物组织，因此证明 M-Cs$_x$WO$_3$ 可以作为 CT 对比增强剂实现对肿瘤区域的成像。

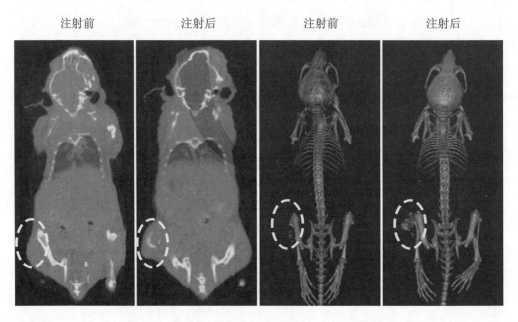

图 4.11　瘤内注射 M-Cs$_x$WO$_3$ 溶液前后的 CT 成像图

为了对比 M-Cs$_x$WO$_3$ 与传统 CT 成像剂碘海醇在小鼠体内的成像效果，将商业 CT 成像剂碘海醇（碘元素质量浓度与 M-Cs$_x$WO$_3$ 中 W 元素质量浓度相同）注射到小鼠肿瘤部位，注射 5 min 之后，在肿瘤区域并没有检测到信号（图 4.12）。

| 注射前 | 注射后 | 注射前 | 注射后 |

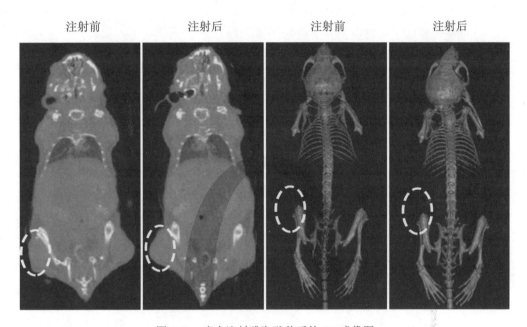

图 4.12　瘤内注射碘海醇前后的 CT 成像图

这种现象主要归于 3 个原因：

（1）碘海醇属于分子造影剂，其被注射到肿瘤后可以快速向肿瘤周边区域扩散，而 M-Cs$_x$WO$_3$ 属于纳米造影剂，其被注射到肿瘤后主要在肿瘤区域富集，因此，将相同质量浓度的两种造影剂注射到肿瘤后，肿瘤单位体积含有的 M-Cs$_x$WO$_3$ 的质量浓度要高于单位体积含有的碘海醇的质量浓度。

（2）碘海醇与 M-Cs$_x$WO$_3$ 均可用于 CT 造影的主要原因是其分别含有原子序数较高的 I 元素与 W 元素，与 I 元素相比，W 元素具有更高的 X 射线吸收系数（在 100 eV 吸收系数为：W——4.438 cm^2/kg，I——1.94 cm^2/kg）。

（3）Cs$_x$WO$_3$ 平均有效原子序数高于碘海醇的平均有效原子序数，物质的平均有效原子序数可以表达为

$$\overline{Z} = 2.94\sqrt{\sum_i (f_i \times Z_i^{2.94})} \tag{4.3}$$

式中　$\overline{Z}$——物质的平均有效原子序数；

　　　f_i——各原子在物质中原子量的比例；

　　　Z_i——各原子的原子序数。

由式（4.3）可以计算出 Cs_xWO_3 平均有效原子序数为 83.4，而碘海醇的平均有效原子序数为 77.6，前者显著高于后者。通过上述对比实验和结果分析，表明 $M-Cs_xWO_3$ 相比于碘海醇具有更强的 CT 造影能力，$M-Cs_xWO_3$ 是一种潜在的 CT 造影剂。

4.5.2　$M-Cs_xWO_3$ 用于体内外的光声成像

虽然 $M-Cs_xWO_3$ 的 CT 成像能力较好，但单一的成像模式在医学影像诊断领域仍具有一定局限性。光声（PAT）成像作为一种新型的非侵入成像模式在近几年受到了人们的广泛关注。PAT 成像集光学成像的高对比度与超声成像的深层组织成像于一体，具有优异的三维组织成像能力。$M-Cs_xWO_3$ 由于具有较强的近红外吸收性能与光热转化效率，理论上是一种理想的 PAT 成像剂，本研究将通过体内外实验对其加以验证。本研究检测了 $M-Cs_xWO_3$ 溶液的 PAT 信号，将不同质量浓度的 $M-Cs_xWO_3$ 溶液按质量浓度从小到大的顺序依次加入到琼脂制作的假体后，置于小动物光声成像仪进行检测。由 4.3.1 节中图 4.5（a）可知，$M-Cs_xWO_3$ 在近红外光区 650～2 500 nm 均有近红外吸收，但限于小动物光声成像测试仪的测试范围，本研究选用 680～900 nm 进行测试。如图 4.13（a）所示，不同质量浓度的 $M-Cs_xWO_3$ 溶液在 680～900 nm 间均有显著的 PAT 成像效果，并且 $M-Cs_xWO_3$ 溶液的 PAT 信号强度随着其质量浓度的增加而显著增强。选取 880 nm 处不同质量浓度 $M-Cs_xWO_3$ 溶液在假体中的横向切面进行拟合分析，如图 4.13（b）所示，不同 PAT 信号强度的横向切面对应不同的颜色，拟合图像随着 PAT 信号强度的增加而从暗红色向亮黄色过渡。在 880 nm 近红外光照射下，不同质量浓度 $M-Cs_xWO_3$ 溶液相对应的拟合图像的 PAT 信号值与质量浓度具有较好的线性关系。

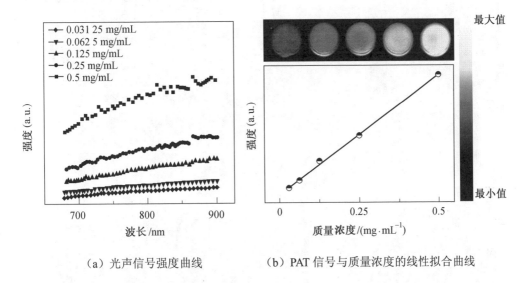

（a）光声信号强度曲线　　　　（b）PAT 信号与质量浓度的线性拟合曲线

图 4.13　不同质量浓度 M–Cs$_x$WO$_3$ 溶液的光声信号强度及其与质量浓度的线性拟合曲线

上述分析表明，M–Cs$_x$WO$_3$ 在假体中具有优异的 PAT 成像性能，但生物体相比于假体更加复杂，因此 M–Cs$_x$WO$_3$ 在生物体内的成像能力需要进一步验证。

基于上述结果，本研究继续考察 M–Cs$_x$WO$_3$ 在小鼠体内的 PAT 成像性能。将 HeLa 荷瘤裸鼠麻醉，测试前为了获得高质量的图像，减小空气对超声波的影响，将超声耦合剂涂抹于小鼠肿瘤周围，对其进行测试，获得对照组图像；将 100 μL M–Cs$_x$WO$_3$ 纳米粒子（2 mg/mL）通过瘤内注射到 HeLa 荷瘤裸鼠体内，在不同时间检测肿瘤的 PAT 信号强度，如图 4.14 所示，对照组 PAT 信号强度非常弱，但注射纳米材料后，随着检测时间的增加，肿瘤部位 PAT 信号强度也在增强。此外，注射 M–Cs$_x$WO$_3$ 纳米粒子后，小鼠肿瘤部位的 PAT 信号显著强于周围正常组织。因此，可以初步证明 M–Cs$_x$WO$_3$ 是一种潜在的 PAT 成像剂，并且基于 4.5.1 节所获得的 M–Cs$_x$WO$_3$ 具有较好的 CT 成像结果，可利用 M–Cs$_x$WO$_3$ 实现单一物种的 CT 与 PAT 双重互补成像。

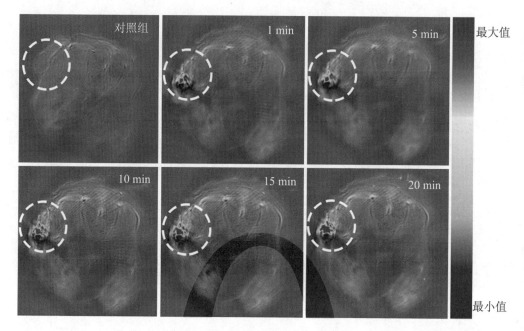

图4.14 瘤内注射 M-Cs$_x$WO$_3$ 溶液前后不同时间内 HeLa 荷瘤小鼠体内的光声成像图

4.6 M-Cs$_x$WO$_3$ 的细胞毒性与光治疗效果的体外验证

4.6.1 M-Cs$_x$WO$_3$ 的细胞毒性作用测定

研究 M-Cs$_x$WO$_3$ 纳米粒子的细胞毒性对于确定其是否可以用于抗肿瘤应用具有重要的意义。本研究利用 MTT 法检测 Cs$_x$WO$_3$ 与 M-Cs$_x$WO$_3$ 对 HeLa 细胞以及两种正常细胞（人脐静脉内皮细胞与人正常肝脏细胞）的毒性。MTT 法是检测细胞存活与增殖的一种高效方法。MTT 可被存在于活细胞线粒体中的琥珀酸脱氢酶还原为蓝紫色的甲瓒，甲瓒由于不溶于水而沉积在活细胞中，而死细胞中的琥珀酸脱氢酶却无法将 MTT 还原，因此无甲瓒生成。利用二甲基亚砜将沉积在活细胞中的甲瓒溶解，进一步采用酶联免疫检测仪检测甲瓒溶解液在 490 nm 处的光吸收值，在一定范围内，甲瓒溶解液的吸收值与活细胞数量成正比。将 Cs$_x$WO$_3$ 和 M-Cs$_x$WO$_3$ 与 HeLa 细胞共孵育 24 h，在 31.25～1 000 μg/mL 质量浓度范围内，Cs$_x$WO$_3$ 与 M-Cs$_x$WO$_3$ 均对 HeLa 细胞无明显的毒性作用，结果如图 4.15（a）所示。

与 Cs$_x$WO$_3$ 相比，M–Cs$_x$WO$_3$ 对 HeLa 细胞的毒性更低，当 Cs$_x$WO$_3$ 与 M–Cs$_x$WO$_3$ 的质量浓度均为 1 000 µg/mL 时，HeLa 细胞的存活率分别为 81.73%±5.6% 与 84.75%±4.39%，此结果表明聚电解质的修饰可以提高 Cs$_x$WO$_3$ 的生物相容性，同时 Cs$_x$WO$_3$ 与 M–Cs$_x$WO$_3$ 本身并不具有杀伤肿瘤细胞的作用。为探究 M–Cs$_x$WO$_3$ 对正常细胞的毒性作用，本研究选取人体两种正常细胞——人脐静脉内皮细胞（HUVEC）与人正常肝脏细胞（L02）为研究对象。如图 4.15（b）所示，将 M–Cs$_x$WO$_3$ 分别与 HUVEC 以及 L02 细胞共孵育 24 h，在 15.625～1 000 µg/mL 质量浓度范围内，M–Cs$_x$WO$_3$ 对两种正常细胞无明显的毒性作用。当 M–Cs$_x$WO$_3$ 质量浓度为 1 000 µg/mL 时，HUVEC 与 L02 的存活率分别达到 90.74%±4.40% 与 89.76%±5.50%，表明 M–Cs$_x$WO$_3$ 对两种正常细胞的生物毒性均较低。

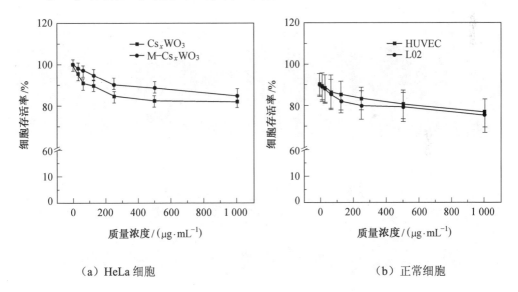

（a）HeLa 细胞　　　　　　　　　　（b）正常细胞

图 4.15　Cs$_x$WO$_3$/M–Cs$_x$WO$_3$ 溶液对不同细胞的毒性作用测试

4.6.2　M–Cs$_x$WO$_3$ 光治疗效果的体外验证

本研究通过荧光染色的方法来验证 M–Cs$_x$WO$_3$ 对 HeLa 细胞的 PTT/PDT 协同治疗效果。通过钙黄绿素-乙酰羟甲基酯（Calcein-AM）与碘化丙啶（PI）双重染色法来区分活细胞与死细胞。染色的基本原理是 Calcein-AM 在钙黄绿素（Calcein）的基础上加强了疏水性，因此能够轻易穿透活的细胞膜。进入细胞后，本身不发荧光的

Calcein-AM 被活细胞内的酯酶通过水解作用剪切形成膜非渗透性的极性分子 Calcein，从而滞留在细胞内并发出强绿色荧光，因此 Calcein-AM 仅对活细胞染色。另一方面，作为对核染色的染料 PI 不能穿过活细胞的细胞膜，它仅可以穿过死细胞膜的无序区域而到达细胞核，并嵌入细胞的 DNA 双螺旋结构中从而产生红色荧光，因此 PI 仅对死细胞染色。由于 Calcein 和 PI-DNA 都可被 490 nm 波长的光所激发，因此可用荧光显微镜同时观察活细胞和死细胞。将 M-Cs$_x$WO$_3$ 与 HeLa 细胞共培养 24 h 后，吸去培养基以除去未被 HeLa 细胞摄取的 M-Cs$_x$WO$_3$，再向培养皿中加入新鲜的培养基，分别利用 880 nm 和 1 064 nm 的近红外激光（激光功率密度为 2 W/cm^2）对 HeLa 细胞照射不同时间（2 min、4 min、6 min 以及 10 min），同时设置了对照组（未处理组）、M-Cs$_x$WO$_3$ 处理组与 880 nm 和 1 064 nm 的近红外激光照射组，结果如图 4.16 所示。

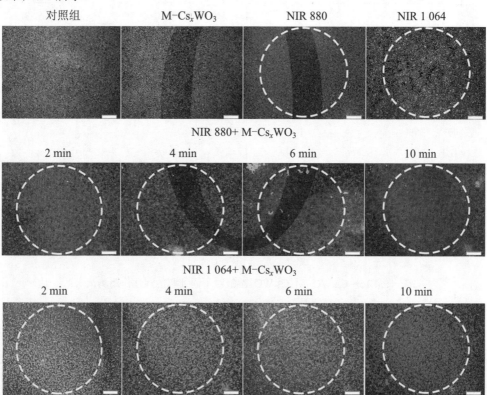

图 4.16 不同波长近红外光照射不同时间条件下 M-Cs$_x$WO$_3$ 对 HeLa 细胞的 PTT/PDT 协同治疗的荧光图（标尺：500 μm）

对照组、M-Cs$_x$WO$_3$ 处理组、880 nm 和 1 064 nm 的近红外激光照射组绝大部分的 HeLa 细胞均为绿色荧光，几乎无红色荧光出现，证明 M-Cs$_x$WO$_3$ 及光照对 HeLa 细胞均无杀伤效果。而对于治疗组，M-Cs$_x$WO$_3$ 结合近红外光照射组可以观察到被照射区域有明显的红色荧光，表明有细胞死亡，并且随着光照时间的增加，死亡细胞的区域逐渐增大；经过相同的光照时间，波长为 1 064 nm 的近红外激光对 HeLa 细胞的杀伤能力比波长为 880 nm 的近红外激光更强。以上结果表明，在近红外激光照射下，M-Cs$_x$WO$_3$ 分散液的温度能够快速升高，同时产生了大量的单线态氧，从而诱导大量的 HeLa 细胞死亡。在近红外光的照射下，M-Cs$_x$WO$_3$ 可以同时产生 PTT 与 PDT 效果，但却不能通过此实验确定 PTT 与 PDT 效果各占的百分比。

为了确定 PDT 与 PTT 分别起到的效果，本研究加入了几组对比实验。对于 PTT 实验组，向其中加入了 ROS 淬灭剂叠氮化钠（NaN$_3$），因此 M-Cs$_x$WO$_3$ 在光照射下，就会排除 PDT 效果，只有 PTT 效果。对于 PDT 实验组，在光照过程中将细胞培养板置于冰盒上，这样被治疗的细胞温度不会超过 20 ℃，因而在治疗过程中只有 PDT 起作用，所得到的结果如图 4.17 所示。

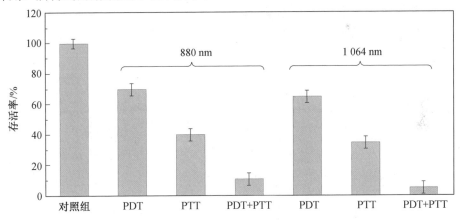

图 4.17　不同方式治疗后 HeLa 细胞存活率的测定

在 880 nm 的近红外激光照射下（激光功率密度为 2 W/cm^2），PDT 对 HeLa 细胞的抑制率为 30.6%，而 PTT 对 HeLa 细胞的抑制率为 60.3%，PDT 协同 PTT 对 HeLa 细胞的抑制率为 89.7%；而在 1 064 nm 的近红外激光照射下，PDT 对 HeLa 细胞的抑制率为 35.5%，而 PTT 对 HeLa 细胞的抑制率为 65.8%，PDT 协同 PTT 对 HeLa

细胞的抑制率为 95.7%。以上结果表明 M-Cs$_x$WO$_3$ 在两个波长近红外光照射下均具有较好的 PTT 与 PDT 协同作用。综上所述，M-Cs$_x$WO$_3$ 自身不具备抗肿瘤性能，但其具有优异的光热转化与光生单线态氧的能力，因此 M-Cs$_x$WO$_3$ 结合近红外光照射发生了 PTT 与 PDT 的协同作用治疗，对 HeLa 细胞具有较强的抑制效果。

细胞的死亡主要包括细胞坏死和细胞凋亡两种形式，本研究通过流式细胞术检测 M-Cs$_x$WO$_3$ 结合两种波长近红外光照射（激光功率密度为 2 W/cm^2）后 HeLa 细胞的死亡方式。膜联蛋白 V（Annexin V）和碘化丙啶（PI）双染色法是较为经典的检测细胞坏死与细胞凋亡的方法。对于早期凋亡的细胞，其细胞膜内侧的磷脂酰丝氨酸（PS）会转移到细胞膜外，Annexin V 具有易于结合 PS 的特性，因此可以检测早期凋亡的细胞；而 PI 作为细胞核染色试剂可以用于坏死细胞的染色。如图 4.18 所示，对照组细胞仅有少量的坏死与凋亡，与对照组相比，M-Cs$_x$WO$_3$ 处理组、880 nm 以及 1 064 nm 近红外激光照射组细胞坏死与凋亡数量仅有少量增加，说明仅加入 M-Cs$_x$WO$_3$ 或仅光照无法造成 HeLa 细胞的大量死亡。形成显著对比的是，M-Cs$_x$WO$_3$ 结合 880 nm 或 1 064 nm 近红外激光照射 10 min 组有大量的细胞坏死与凋亡，其细胞坏死与凋亡总数分别为 90.16% 与 95.41%。

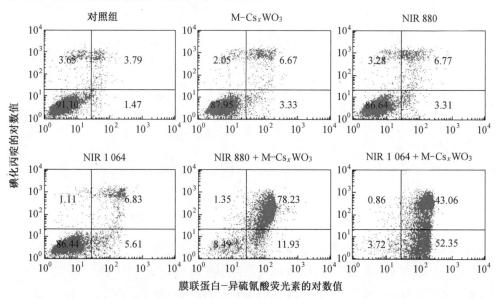

图 4.18　不同实验组 HeLa 细胞死亡方式的流式细胞术检测

综上所述，M-Cs$_x$WO$_3$结合 880 nm 或 1 064 nm 近红外激光照射可同时造成HeLa 细胞的坏死与凋亡，并且 M-Cs$_x$WO$_3$结合 1 064 nm 近红外激光照射的细胞死亡总数 要略高于 M-Cs$_x$WO$_3$结合 880 nm 近红外激光照射的细胞。

4.7　M-Cs$_x$WO$_3$体内抗肿瘤性能的研究

4.7.1　M-Cs$_x$WO$_3$致小鼠肿瘤内的光热效应

在体外细胞光治疗的研究中，M-Cs$_x$WO$_3$ 对 HeLa 细胞表现出比较理想的 PTT 与 PDT 协同治疗效果，在此基础上，本节进一步研究其体内的抗肿瘤性能。在探究 M-Cs$_x$WO$_3$ 体内抗肿瘤效果之前，首先研究在近红外光的照射下其在小鼠肿瘤内的 升温情况。向 HeLa 荷瘤小鼠肿瘤内注射 100 μL PBS 或 M-Cs$_x$WO$_3$（1 mg/mL），2 h 后，使用功率密度为 2 W/cm^2 的波长为 880 nm 或 1 064 nm 近红外光源对肿瘤照射 10 min，通过近红外热成像仪监测肿瘤表面的温度。如图 4.19（a）所示，将两束近 红外激光对焦肿瘤中心区域照射，可以发现注射 M-Cs$_x$WO$_3$ 的两个实验组小鼠肿瘤 中心部位温度较高，但肿瘤周围健康组织却升温不明显，体现出了激光治疗的精准 与低侵害特点。

对各个实验组小鼠的肿瘤温度定量分析得到如图 4.19（b）所示的结果，分别在 880 nm 与 1 064 nm 近红外激光照射下，注射 PBS 的小鼠肿瘤表面升温不明显，肿 瘤表面温度分别达到 45.1 ℃和 43.4 ℃，这是由于生物组织对 880 nm 与 1 064 nm 激光具有较小的吸收所致，但该温度无法实现对肿瘤的消融。与之相比，在相同的 照射条件下，瘤内注射 M-Cs$_x$WO$_3$的肿瘤温度分别可以达到 54.2 ℃和 56.8 ℃。分 别在 880 nm 与 1 064 nm 的近红外激光照射下，肿瘤升高的温度均可以有效杀伤肿 瘤细胞，此外，在这两种近红外光的照射下，由 M-Cs$_x$WO$_3$ 产生的 ^{1}O$_2$ 也可以诱导 肿瘤的凋亡与坏死。

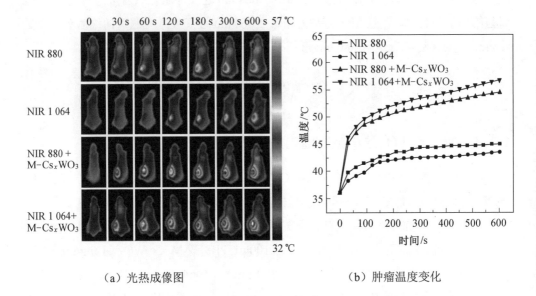

（a）光热成像图　　　　　　　　（b）肿瘤温度变化

图 4.19　各组荷瘤小鼠的光热成像图与肿瘤温度变化曲线

PTT 包含过高热与热消融两种治疗机理，当肿瘤温度在 41～47 ℃时，可以通过过高热将肿瘤细胞的细胞膜、细胞骨架以及线粒体等亚显微结构损伤而致其死亡，但过高热诱导肿瘤细胞死亡需要的时间较长，通常需要数小时，而光照时间过久又会导致小鼠皮肤损伤；当肿瘤温度高于 48 ℃以上时，可以通过热消融使肿瘤细胞在几分钟内发生蛋白质变性与 DNA 损伤，从而造成肿瘤细胞完全丧失活性。在本研究中，通过使用功率密度为 2 W/cm^2 的波长为 880 nm 或 1 064 nm 近红外光源对肿瘤照射，虽然在光照 2 min 后达到了肿瘤细胞过高热的治疗温度，但在 10 min 内，这两种方式均无法有效抑制肿瘤。而在同样条件下，M-Cs$_x$WO$_3$ 结合这两种近红外光在 1 min 内便可以达到肿瘤的热消融温度，从而造成肿瘤细胞膜严重破坏以及细胞内物质流出，最终导致肿瘤细胞的大量死亡。

4.7.2　M-Cs$_x$WO$_3$ 的体内抗肿瘤效果

本研究将继续评估 M-Cs$_x$WO$_3$ 用于小鼠体内抗肿瘤的治疗效果，结果如图 4.20 与图 4.21 所示。

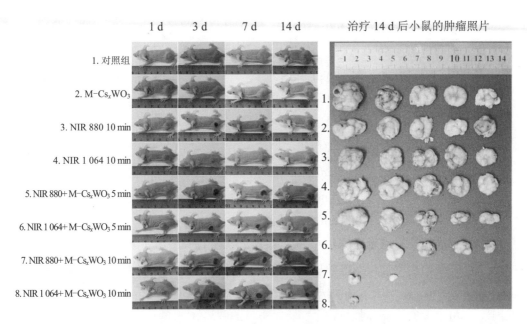

图 4.20　治疗前后各组小鼠与肿瘤的照片（$n=5$）

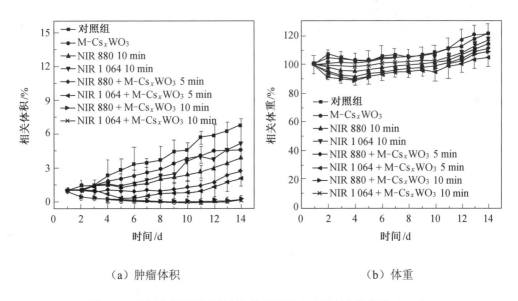

（a）肿瘤体积　　　　　　　　　　　（b）体重

图 4.21　各组小鼠的肿瘤体积与体重随治疗时间变化的曲线（$n=5$）

待荷瘤小鼠的肿瘤达到 $400 \sim 500$ mm^3 时，将荷瘤小鼠随机分为 8 组，每组 5 只小鼠。具体包括：

（1）对照组，瘤内注射 100 μL PBS。

（2）M-Cs$_x$WO$_3$ 处理组，瘤内注射 100 μL M-Cs$_x$WO$_3$ 溶液。

（3）880 nm 近红外激光照射组。

（4）1 064 nm 近红外激光照射组。

（5）M-Cs$_x$WO$_3$ 结合 880 nm 近红外激光照射 5 min 组。

（6）M-Cs$_x$WO$_3$ 结合 1 064 nm 近红外激光照射 5 min 组。

（7）M-Cs$_x$WO$_3$ 结合 880 nm 近红外激光照射 10 min 组。

（8）M-Cs$_x$WO$_3$ 结合 1 064 nm 近红外激光照射 10 min 组。

上述各实验组所使用的激光功率密度均为 2 W/cm^2，所使用 M-Cs$_x$WO$_3$ 质量浓度均为 1 mg/mL。在治疗前和治疗期间第 3 天、第 7 天和第 14 天对小鼠拍照，治疗完成后，将小鼠安乐死并收集各个实验组小鼠的肿瘤。

如图 4.20 和图 4.21（a）所示，与对照组相比，M-Cs$_x$WO$_3$ 处理组几乎无明显的抗肿瘤效果，证明 M-Cs$_x$WO$_3$ 单独存在时并没有抑制肿瘤的能力。而近红外激光照射组在治疗的最初几天，对肿瘤有一定的抑制效果，但随着时间的增加，其对肿瘤的抑制效果逐渐减弱，表明在此功率密度下，两种近红外光并不能对肿瘤产生实质性的抑制效果。

对于 M-Cs$_x$WO$_3$ 分别结合 880 nm 与 1 064 nm 近红外激光照射组（光照时间均为 5 min），在最初的一周时间内，治疗具有一定效果，肿瘤得到了有效的抑制，但一周之后，肿瘤复发，说明短时间的光治疗不能完全破坏肿瘤实质。当治疗时间增加到 10 min 时，M-Cs$_x$WO$_3$ 分别结合 880 nm 与 1 064 nm 近红外激光照射组小鼠的肿瘤被有效抑制，部分小鼠的肿瘤已经完全消融。同时发现，M-Cs$_x$WO$_3$ 结合 1 064 nm 近红外激光照射组的治疗效果要明显优于其结合 880 nm 近红外激光照射组，这是由于 M-Cs$_x$WO$_3$ 在 1 064 nm 处比在 880 nm 处有更好的光吸收效果所致，另外，在相同的功率密度下，1 064 nm 的近红外光的穿透能力要强于 880 nm 的近红外光。在治疗过程中，小鼠体重的变化也是一个十分重要的检测指标，可用于衡量光治疗过程中 M-Cs$_x$WO$_3$ 对生物体是否具有明显的副作用。在整个治疗过程中记录了小鼠体重的变化情况，如图 4.21（b）所示，在治疗后的 14 d 中，各组小鼠的体重无显著变化，表明光治疗过程中 M–Cs$_x$WO$_3$ 对小鼠的生长无明显影响。因此，M–Cs$_x$WO$_3$ 结合双生物光学窗口（880 nm 与 1 064 nm）的 PDT/PTT 协同治疗时间为 10 min 时可以达到较好的肿瘤治疗效果。

4.8　小鼠各组织的组织病理学分析

为了进一步检测 M–Cs$_x$WO$_3$ 的抗肿瘤效果与光治疗过程对小鼠主要脏器的潜在毒性，本研究通过苏木精-伊红染色法（H&E）对治疗 14 d 后小鼠的肿瘤和主要脏器（心、肝、脾、肺和肾）进行组织病理学分析。苏木精染液显碱性，可以将细胞核内的染色质与胞质内的核糖体染成紫蓝色；而伊红显酸性，可以将细胞质和细胞外基质染成红色，通过 H&E 染色方法可以得到组织的形态与结构信息。治疗 14 d 后各组小鼠肿瘤组织病理切片图如图 4.22 所示，在 PDT/PTT 结合治疗后，肿瘤细胞发生了严重的损伤，且其损伤程度随着治疗时间的增加而加深。而对照组、M–Cs$_x$WO$_3$ 处理组与 880 nm 或者 1 064 nm 近红外激光照射组小鼠的肿瘤细胞无明显损伤，细胞质与细胞核呈现出明显的差别，表明其仍具有完整的细胞结构。

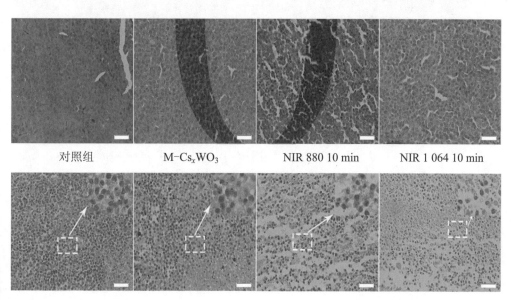

图 4.22　治疗 14 d 后各组小鼠肿瘤组织病理切片图（标尺：50 μm）

M–Cs$_x$WO$_3$ 分别结合 880 nm 和 1 064 nm 的近红外激光照射组，随着照射时间的延长，肿瘤细胞中的核酸发生浓缩或者丢失逐渐增多（如图 4.22 中右上角展示的相应放大区域所示），致使大量的细胞死亡。并且在相同的照射时间里，波长为 1 064 nm 的近红外光结合 M–Cs$_x$WO$_3$ 对肿瘤细胞的损伤程度比波长为 880 nm 的近红外光结合 M–Cs$_x$WO$_3$ 实验组大。上述实验结果表明，M–Cs$_x$WO$_3$ 结合近红外激光照射能使肿瘤细胞的结构发生明显的损伤，由此可以抑制肿瘤的生长。

同时，对治疗后小鼠各主要脏器的组织切片进行观察，结果表明近红外光治疗后对于小鼠主要脏器均无明显损伤（图 4.23），因此进一步证明了 M–Cs$_x$WO$_3$ 的生物安全性较高。

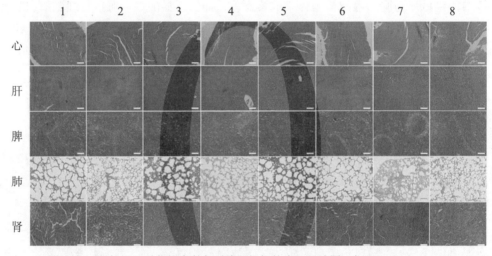

图 4.23　治疗 14 d 后各组小鼠主要脏器组织的病理切片图（标尺：100 μm）

1—对照组；2—M–Cs$_x$WO$_3$；3—NIR 880 10 min；4—IR 1 064 10 min；

5—NIR 880 + M–Cs$_x$WO$_3$ 5 min；6—NIR 1 064 + M–Cs$_x$WO$_3$ 5 min；

7—NIR 880 + M–Cs$_x$WO$_3$ 10 min；8—NIR 1 064 + M–Cs$_x$WO$_3$ 10 min

4.9　本 章 小 结

本章基于 Cs$_x$WO$_3$ 纳米粒子设计了"四合一"多功能诊疗剂，此诊疗剂可以用于 CT/PAT 双重成像介导的光热/光动力协同双功能光治疗。通过层层自组装的方法，将聚电解质 PAH 与 PSS 修饰到 Cs$_x$WO$_3$ 表面提高了其生物相容性与生理环境下的分散性。选用生物双窗口内 880 nm 激光与 1 064 nm 激光分别结合 M-Cs$_x$WO$_3$ 进行了 PTT/PDT 协同治疗，通过小动物 CT 成像系统与光声成像系统研究该纳米在材料体内与体外的成像能力，实验结果表明：

（1）M-Cs$_x$WO$_3$ 在整个生物窗口内（650～1 300 nm）均具有较强的近红外吸收能力，基于此光学性质，M-Cs$_x$WO$_3$ 在水溶液与细胞内均具有理想的光热与光生单线态氧能力。体外细胞实验证明了 M-Cs$_x$WO$_3$ 在近红外光照射下可以有效地产生 PTT/PDT 治疗效果，并且与单一治疗方式相比，PTT/PDT 协同治疗展现了更佳的 HeLa 细胞消融效果。此外，MTT 法结果表明 M-Cs$_x$WO$_3$ 无论对癌细胞还是正常细胞均无毒性作用。

（2）M-Cs$_x$WO$_3$ 具有优异的 CT 与 PAT 成像能力。体外实验证明 M-Cs$_x$WO$_3$ 的 CT 与 PAT 信号值均与其质量浓度呈现出较好的线性关系，并且同质量浓度 M-Cs$_x$WO$_3$ 的斜率是商用 CT 成像剂碘海醇的 1.33 倍。同时，体内实验证明 M-Cs$_x$WO$_3$ 在小鼠体内同样呈现出较好的 CT 成像能力与 PAT 成像效果，证明 M-Cs$_x$WO$_3$ 可同时兼备 CT 与光声双模态成像能力。

（3）体内实验结果表明当小鼠体内注射 M-Cs$_x$WO$_3$ 质量浓度为 1 mg/mL（体积为 100 μL）后，利用功率密度为 2 W/cm^2 的近红外激光照射肿瘤 10 min，波长为 880 nm 与 1 064 nm 激光均可以完全消融实体肿瘤。此外，组织切片结果证实了上述 M-Cs$_x$WO$_3$ 分别结合 880 nm 与 1 064 nm 的光治疗可以诱导肿瘤细胞的明显凋亡，同时光治疗过程对小鼠的主要脏器无明显损伤。

第5章 全氟-15-冠-5-醚-铯钨青铜纳米粒子的制备及其对胰腺肿瘤的光治疗研究

5.1 引　言

肿瘤部位具有低 pH、缺氧、较高的 H_2O_2 浓度等特点，其中，肿瘤部位的缺氧环境是影响肿瘤治疗效果的重要原因之一。肿瘤的缺氧环境尤其对 PDT 以及放疗具有较大的影响，这是由于两种方法杀伤肿瘤细胞均具有氧依赖性特征，而肿瘤部位血管的特殊性使得化疗药物很难有效地运送到缺氧的细胞中。大量的临床研究表明，肿瘤的缺氧耐药性细胞与肿瘤的转移密切相关。如果对缺氧耐药性细胞治疗不彻底会造成其转移，为了提高疗效，研究者们提供了很多不同的方法来提高肿瘤部位氧的浓度。例如，利用二氧化锰纳米粒子促使肿瘤部位的 H_2O_2 分解产生氧分子以及通过提高肿瘤内的血流量来提高肿瘤内的氧含量等方法。

本书第 4 章，通过层层自组装的方法将聚电解质成功修饰到 Cs_xWO_3 纳米粒子表面，且实现了 PAT 成像与 CT 成像介导的光热/光动力双重治疗。但由于肿瘤部位的缺氧环境，$M-Cs_xWO_3$ 的 PDT 效果明显低于其 PTT 成像效果。因此，本研究主要解决缺氧环境对 PDT 成像的限制问题，旨在进一步提高 Cs_xWO_3 的整体 PDT 效果。由于全氟-15-冠-5-醚（PFC）可以大量携带氧而被广泛用于人造血液，本研究将构建 PFC 成像包裹的 Cs_xWO_3（命名为 $Cs_xWO_3@PFC$）来提高其 PDT 效果。通过对比 $Cs_xWO_3@PFC$ 对缺氧条件下培养的胰腺癌细胞（PANC-1-H）以及常氧条件下培养的胰腺癌细胞（BxPC-3/PANC-1）的治疗效果来评价其对 PDT 的增强效果；同时研究其在生物体内的 PAT 与 CT 成像造影能力，第 4 章已经证明 1 064 nm 的激光具有更深的组织穿透能力而具有更好的治疗效果，本研究将利用 1 064 nm 激光进行 PTT

与 PDT 协同治疗，期望获得既具备 PAT 与 CT 成像性能，又具备 PTT 与增强 PDT 效果的多功能诊疗系统。

5.2　全氟-15-冠-5-醚包裹铯钨青铜纳米粒子（$Cs_xWO_3@PFC$）的合成与表征

5.2.1　微观形貌与水合粒径的测定

首先，通过第 3 章的最佳方法合成直径约为 13 nm、长度约为 70 nm 的 Cs_xWO_3 纳米棒，之后将其加入含有人血白蛋白（HSA）的 PBS 溶液中，超声分散后加入 PFC，利用 PFC 与 HSA 在超声作用下可自组装成小球的特性将 Cs_xWO_3 纳米棒包裹在 PFC 与 HSA 形成的微球内部（命名为 $Cs_xWO_3@PFC$）。通过透射电子显微镜（TEM）和动态光散射方法对合成的核壳结构进行测定。如图 5.1（a）所示，合成的 $Cs_xWO_3@PFC$ 纳米粒子具有明显的核壳结构。Cs_xWO_3 纳米粒子被包裹在内部，外部为 PFC 与 HSA 自组装形成的小球，$Cs_xWO_3@PFC$ 纳米粒子大小约为 150 nm，适用于生物体内的递送。同时，本研究进一步对 $Cs_xWO_3@PFC$ 纳米粒子的水合粒径进行了测定。如图 5.1（b）所示，合成的 $Cs_xWO_3@PFC$ 纳米粒子水合粒径为 209 nm，且粒径分布范围窄，其大小比透射电子显微镜略大，这是由于纳米粒子表面结合了水分子层所致。

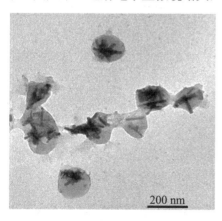
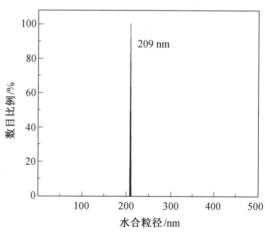

（a）TEM 照片　　　　　　　　　　（b）水合粒径分布

图 5.1　$Cs_xWO_3@PFC$ 的透射电子显微镜照片和水合粒径分布图

进一步对制备的 $Cs_xWO_3@PFC$ 纳米粒子进行了元素分布分析，$Cs_xWO_3@PFC$ 的元素分布照片如图 5.2 所示。

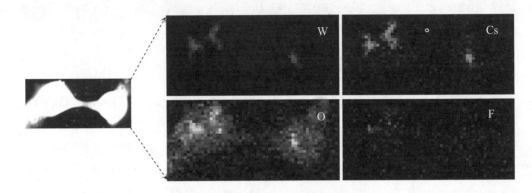

图 5.2　$Cs_xWO_3@PFC$ 的元素分布照片

$Cs_xWO_3@PFC$ 纳米粒子同时含有 W、Cs、O 与 F 4 种元素。W 元素和 Cs 元素位于纳米球内部，来自 Cs_xWO_3，O 元素和 F 元素主要位于纳米球的外部，主要来自 PFC 与 HSA，进一步证明了 PFC 成功地包裹在 Cs_xWO_3 纳米粒子的表面。

5. 2. 2　$Cs_xWO_3@PFC$ 的 XRD 与 XPS 分析

随后，本研究进一步对 $Cs_xWO_3@PFC$ 进行晶体结构以及化学价态分析。如图 5.3（a）所示，Cs_xWO_3 与 $Cs_xWO_3@PFC$ 纳米粒子的 XRD 特征峰均与 $Cs_{0.32}WO_3$ 标准卡片（JCPDS No. 831334）的特征峰一致，未见其他杂质峰，说明 PFC 与 HSA 的包裹未破坏 Cs_xWO_3 的晶体结构，但 $Cs_xWO_3@PFC$ 的峰强度有所下降，可能是由于 PFC 与 HSA 的包裹所致。

为了确定 $Cs_xWO_3@PFC$ 纳米粒子的化学价态，对其进行了 XPS 测试。如图 5.3（b）所示，对其 W_{4f} 光电子能谱进行分峰拟合获得两组旋转轨道耦合双峰，其中结合能为 35.2 eV 与 37.3 eV 的吸收峰属于 W^{6+} 的 $W4f_{5/2}$ 与 $W4f_{7/2}$ 峰，而 34.5 eV 与 36.6 eV 的吸收峰属于 W^{5+} 的 $W4f_{5/2}$ 与 $W4f_{7/2}$ 峰，由此证明包裹后的样品中 W 元素仍然是以 W^{5+} 和 W^{6+} 混合的形式存在，包裹过程并未改变 Cs_xWO_3 的化学价态。

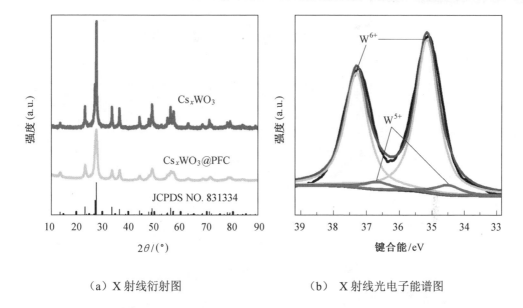

（a）X 射线衍射图　　　　　　（b）　X 射线光电子能谱图

图 5.3　Cs_xWO_3@PFC 的 X 射线衍射与 X 射线光电子能谱图

5.2.3　傅里叶变换-红外光谱测试

傅里叶变换-红外光谱（FT-IR）分析可以确定样品表面富含的官能团。如图 5.4 所示，Cs_xWO_3 纳米粒子在波数为 784 cm^{-1} 时的宽峰是 W—O—W 的特征峰，波数为 3 417 cm^{-1} 时为表面羟基特征峰。同时，HSA 在波数为 3 294 cm^{-1}、1 656 cm^{-1} 以及 1 535 cm^{-1} 时的峰分别为 N—H、C=O 以及 C—N 伸缩振动峰，而包裹后的样品 Cs_xWO_3@PFC 在波数为 3 294 cm^{-1}、1 656 cm^{-1} 以及 1 535 cm^{-1} 也有相应的峰，因此可以证明 HAS 已成功地包裹在其表面。此外，Cs_xWO_3 @PFC 的 FT-IR 图没有检测出 W—O—W 的特征峰，这可能是由于 Cs_xWO_3 被包裹于内部所致，也间接证明了所得的纳米样品具有典型的核壳结构。

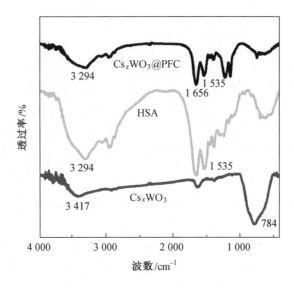

图 5.4　不同纳米样品的 FT-IR 图

5.3　Cs$_x$WO$_3$@PFC 的光学性质以及携带氧的性质研究

5.3.1　Cs$_x$WO$_3$@PFC 的光吸收性质研究

光学吸收性质是决定某一物种是否可用于 PTT 与 PDT 的先决条件。经 PFC 与 HSA 包裹后，Cs$_x$WO$_3$@PFC 溶液的光学性质首先通过可见-近红外吸收光谱进行探究。与 Cs$_x$WO$_3$ 纳米粒子相比（图 5.5（a）），Cs$_x$WO$_3$@PFC 纳米粒子的水溶液在近红外光区的吸光度显著增强，这可能是由于 Cs$_x$WO$_3$ 纳米粒子经 PFC 与 HSA 包裹后的粒径增大，从而导致 Cs$_x$WO$_3$@PFC 水溶液的散射增强所致。如图 5.5（b）所示，不同质量浓度的 Cs$_x$WO$_3$@PFC 纳米粒子水溶液在 650～1 300 nm 均具有较强的近红外吸收，吸收谱涵盖了"第一生物窗口"与"第二生物窗口"，并随着 Cs$_x$WO$_3$@PFC 粒子质量浓度的增大，其吸光度显著提高。综上所述，Cs$_x$WO$_3$@PFC 纳米粒子在理论上可用于"第一生物窗口"与"第二生物窗口"双窗口的 PTT 与 PDT。在第 4 章已经证明了波长为 880 nm 与 1 064 nm 的近红外光源在功率密度相同时（2 W/cm^2），波长为 1 064 nm 的近红外光对生物体具有更深的穿透能力，因此，本研究选用波长为 1 064 nm 的近红外光，期望在此波长的近红外光照射下，Cs_xWO_3@PFC 纳米粒子针对实体瘤能具有较好的 PTT 效果以及增强的 PDT 效果。

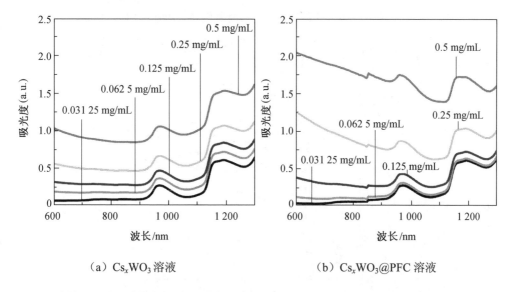

（a）Cs_xWO_3 溶液　　　　　　　　（b）Cs_xWO_3@PFC 溶液

图 5.5　不同质量浓度 Cs_xWO_3 与 Cs_xWO_3@PFC 水溶液的可见-近红外吸收光谱

5.3.2　Cs_xWO_3@PFC 的光热转化性质研究

上一节已经证实了 Cs_xWO_3@PFC 具有较好的光学吸收性质，本节将探究 Cs_xWO_3@PFC 纳米粒子是否仍然具有较强的光热转化性能。如图 5.6 所示，在功率密度为 2 W/cm² 的 1 064 nm 近红外激光照射下，去离子水的温度在 10 min 内从 24 ℃升高到 30.2 ℃，其温差仅为 6.2 ℃，而该温度对细胞与生物组织均无显著影响。质量浓度为 0.062 5 mg/mL 的 Cs_xWO_3@PFC 溶液在 10 min 内温度从 23.9 ℃升高到 42.5 ℃，并且随着 Cs_xWO_3@PFC 质量浓度的增大，其升温能力显著增强。当 Cs_xWO_3@PFC 质量浓度为 0.5 mg/mL 时，其温度在 10 min 内高达 54.8 ℃，这是由于 Cs_xWO_3 具有较强的近红外吸收与光热转化能力。需要指出的是，Cs_xWO_3@PFC 水溶液在光照的前 5 min 内升温较快，光照 5 min 后的 Cs_xWO_3@PFC 水溶液升温效果趋于缓慢，说明此时 Cs_xWO_3@PFC 水溶液的温度已经达到了阈值，继续使用激光照射也无法使其温度大幅度升高。

综上所述，在波长为 1 064 nm 的近红外激光照射下，质量浓度为 0.5 mg/mL 的 Cs_xWO_3@PFC 温度可达到 54.8 ℃，此温度已经到了肿瘤消融的温度，表明其是一种潜在的光热剂。与第 4 章 4.3.2 节同理，包裹后的样品仍然很好地保留了 Cs_xWO_3 的优异光热性能，这与其晶体结构和化学价态得以保留具有直接相关性。

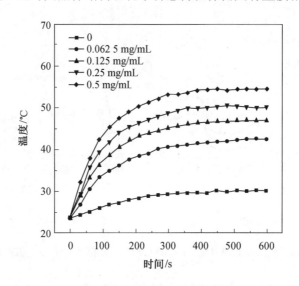

图 5.6 Cs_xWO_3@PFC 水溶液温度与 1 064 nm 激光照射不同时间的关系曲线

5.3.3 Cs_xWO_3@PFC 携带氧能力的研究

PDT 一般需要氧的参与，其只有在氧充足的环境中 PDT 才能产生大量的活性氧（ROS），从而导致肿瘤细胞的 DNA 发生不可逆损伤。而对于实体瘤，其所处缺氧环境使 PDT 很难发挥作用。针对实体瘤的 PTT/PDT 协同治疗体系，本研究选用具有优异氧气携带能力的 PFC 包裹于 Cs_xWO_3 纳米粒子表面，用于提高其在缺氧环境下的 PDT 性能。PFC 只含有碳（C）元素与氟（F）元素，分子式可表示为 C_xF_y。由于碳氟键是最强化学键，因此 PFC 非常稳定，PFC 分子中包含的 F 元素是元素周期表中电负性最高的元素，较高的电负性能表示其价电子结合得非常紧密，因此会导致其具有较低的原子极化率和原子半径，而 F 原子较低的原子极化率会进一步导致 PFC 分子具有较低的表面能，因此会显著削弱 PFC 分子间的作用力。PFC 具有较强的携带氧机理可解释为：PFC 较弱的分子间作用力使其具有较高的可压缩性，而较高的压缩性表示其具有较高的间隙可用度，PFC 中这些可利用的分子间隙可以作为载体携带氧气分子。本研究检测了经 PFC 包裹后的 Cs_xWO_3@PFC 携带氧气的能力，并与 $M-Cs_xWO_3$ 纳米粒子携带氧气能力进行对比。通过导管向 $M-Cs_xWO_3$ 与 Cs_xWO_3@PFC 的溶液中充入氧气，装载氧气后的 $M-Cs_xWO_3$ 与 Cs_xWO_3@PFC 分别命名为 $M-Cs_xWO_3$@O_2 与 Cs_xWO_3@PFC@O_2，两组样品的氧气释放能力通过溶解氧分析仪进行检测。如图 5.7（a）所示，将 $M-Cs_xWO_3$@O_2 与 Cs_xWO_3@PFC@O_2 分别加入预先除去氧气的水溶液里，两组样品在前 1.5 min 释放氧气较快，在 1.5 min 时，Cs_xWO_3@PFC@O_2 释放氧气量约为 $M-Cs_xWO_3$@O_2 释放氧气量的 1.6 倍，而两组样品氧气释放量在 1.5 min 后短暂降低，在 4.5 min 后两组样品氧气释放量趋于稳定。且从图 5.7（a）中可以明显看出 Cs_xWO_3@PFC 携带氧气的能力明显优于 $M-Cs_xWO_3$。

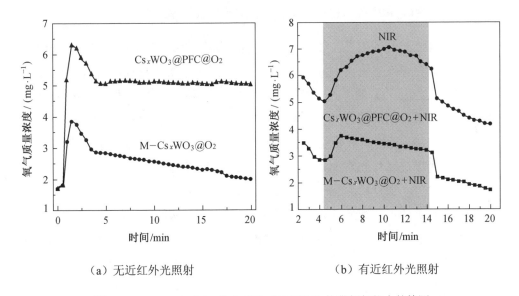

（a）无近红外光照射　　　　　　　（b）有近红外光照射

图 5.7　$M-Cs_xWO_3$@O_2 或 Cs_xWO_3@PFC@O_2 携带氧气能力的检测

血液中血红蛋白的主要功能是运输氧，在氧含量高的组织中易与氧结合；在氧含量低的组织中又易与氧分离。与血红蛋白不同，PFC 虽然同样具有高效的氧储存能力，但其解离氧的效率却较慢。据文献报道，使用近红外光对负载 PFC 的空心纳米粒子照射可以控制 PFC 携带氧的释放量，从而能显著提高 PDT 效果。因此，本研究进一步探究波长为 1 064 nm 的近红外光照射下两组样品氧气的释放效果。如图 5.7（b）所示，选取两组样品氧气释放量较低的起始时间点 4.5 min 作为近红外光照射的起始时间点，照射时间为 10 min。可以看出两组样品在近红外光照射下都表现出增强的氧气释放能力。值得注意的是 M-$Cs_xWO_3@O_2$ 在 6 min 时氧气的释放量即达到了最高值，而 $Cs_xWO_3@PFC@O_2$ 在 10.5 min 时氧气的释放量才达到最高值，同时发现 $Cs_xWO_3@PFC@O_2$ 释放氧气量要明显高于 M-$Cs_xWO_3@O_2$ 释放氧气量。综上所述，$Cs_xWO_3@PFC$ 携带氧气能力明显优于 M-Cs_xWO_3，并且近红外光照射下可以促进氧气的快速释放，从而有望解决缺氧环境中 PDT 效果较弱的问题。

5.4　$Cs_xWO_3@PFC$ 光生单线态氧的检测

5.4.1　$Cs_xWO_3@PFC$ 在溶液中光生单线态氧的检测

本书第 4 章已经证明了在波长为 1 064 nm 的近红外激光照射下，M-Cs_xWO_3 纳米粒子具有产生单线态氧（$^1O_2$）的能力，产生的 $^1O_2$ 能够诱导肿瘤细胞的凋亡，最终达到 PDT 效果，$^1O_2$ 的产生一般需要有肿瘤细胞周围氧气的参与，但随着治疗时间的增加，肿瘤细胞周围的氧气会大量消耗，从而使产生的 $^1O_2$ 的量大量减少，导致 PDT 效果减弱。针对这一局限性，本研究通过具有携带氧能力的 PFC 包裹 Cs_xWO_3 纳米粒子，用以提高其 PDT 效果。为了检测 $Cs_xWO_3@PFC$ 的 PDT 增强效果，本研究仍然选用 DPBF 探针检测 M-$Cs_xWO_3@O_2$ 与 $Cs_xWO_3@PFC@O_2$ $^1O_2$ 的产生能力，加入 DPBF 探针的不同纳米样品溶液在不同光照时间的吸收光谱如图 5.8 所示。

当有单线态氧产生时，因 DPBF 会被降解而致其在 410 nm 处的光吸收值降低，所以 DPBF 吸收值的降低量与 $^1O_2$ 的产生量成正比。在波长为 1 064 nm 的近红外激光照射下，加入到去离子水中的 DPBF 探针的吸收值在 60 min 内无明显的变化，说明去离子水在近红外光照射下产生 $^1O_2$ 的能力较弱。进一步将 DPBF 探针分别加入到未装载氧气的 $Cs_xWO_3@PFC$ 以及装载氧气的 M-$Cs_xWO_3@O_2$ 或 $Cs_xWO_3@PFC@O_2$ 溶液中，可以发现，在波长 1 064 nm 的近红外激光照射下，$Cs_xWO_3@PFC@O_2$ 产生 $^1O_2$ 的能力要显著优于 $Cs_xWO_3@PFC$ 与 M-$Cs_xWO_3@O_2$，$Cs_xWO_3@PFC@O_2$ 产生 $^1O_2$

的量明显多。这是由于经 PFC 包裹后使 Cs_xWO_3@PFC 携带氧气的能力显著提高，这与 5.3 节中图 5.7 所得到的结果相一致。

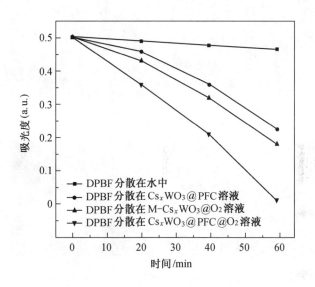

图 5.8　加入 DPBF 探针的不同纳米样品溶液在不同光照时间的吸收光谱

5.4.2　Cs_xWO_3@PFC 在细胞内光生单线态氧的检测

实体瘤由于所处微环境氧分压低而使 PDT 的优势不明显，因此，增强的 PDT 体系用于实体瘤的治疗具有更重要的意义。本研究选用在缺氧条件下培养的胰腺癌细胞（命名为 PANC-1-H）（采用浓度为 200 μmol/L 的 $CoCl_2$ 诱导模拟肿瘤细胞生存的缺氧环境）以及在常氧条件下培养的胰腺癌细胞（BxPC-3 与 PANC-1）为研究对对象。仍然选用 H_2DCFDA 作为细胞内 $^1O_2$ 的检测探针，通过检测绿色荧光强度来确定 $^1O_2$ 的生成量。未经任何处理的 PANC-1-H 细胞作为阴性对照组，PANC-1-H 细胞与 50 mmol/L 的 H_2O_2 共培养作为阳性对照组，结果如图 5.9 所示（白点即为绿色荧光）。

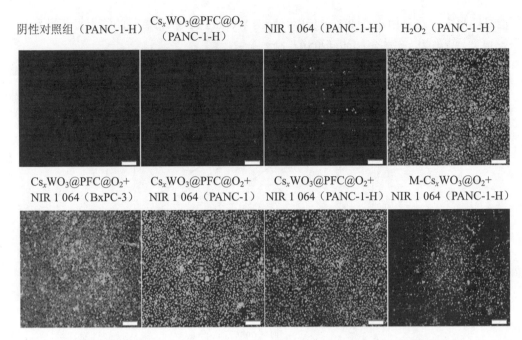

图 5.9　不同纳米样品在 PANC-1-H/BxPC-3/PANC-1 细胞中产生单线态氧的荧光图像（标尺：200 μm）

　　阴性对照组与 $Cs_xWO_3@PFC@O_2$ 处理组均无绿色荧光产生，而仅有 1 064 nm 波长的近红外激光照射组，出现较弱的绿色荧光，说明 $Cs_xWO_3@PFC@O_2$ 本身不能产生 $^1O_2$，而在近红外光照射下，PANC-1-H 细胞才有少量的 $^1O_2$ 产生，同时阳性对照组具有较强的绿色荧光，这是由于双氧水分解产生大量的 $^1O_2$ 所致。此外，选用常氧条件下培养的胰腺癌细胞（BxPC-3 与 PANC-1）作为对比组，可以发现 $Cs_xWO_3@PFC@O_2$ 结合 1 064 nm 近红外光照射组在 BxPC-3 与 PANC-1 细胞中均有较强的绿色荧光，这是由于在波长为 1 064 nm 激光照射下，$Cs_xWO_3@PFC@O_2$ 自身携带的氧与周围的常氧环境均可以产生大量的 $^1O_2$，而 $M-Cs_xWO_3@O_2$ 结合 1 064 nm 近红外光照的 PANC-1-H 细胞产生较弱的绿色荧光，这是因为 $M-Cs_xWO_3@O_2$ 自身携带氧较少以及 PANC-1-H 细胞的缺氧环境所致。此外，$Cs_xWO_3@PFC@O_2$ 结合 1 064 nm 近红外光照射的 PANC-1-H 细胞有较强的绿色荧光，这是由于 PFC 可以携带大量氧气，因此在一定程度上克服了 PANC-1-H 细胞的缺氧环境，同样可以产生大量的 $^1O_2$。以上数据表明在波长为 1 064 nm 激光照射下，$Cs_xWO_3@PFC@O_2$ 由于自身携带大量的氧使其无论在缺氧或常氧条件下培养的肿瘤细胞内均可以产生大量的 $^1O_2$，是一种潜在的治疗胰腺癌细胞（PANC-1-H）的光敏剂。

5.5 Cs$_x$WO$_3$@PFC 用于体内 CT 成像与光声成像的研究

5.5.1 Cs$_x$WO$_3$@PFC 用于体内 CT 成像的测试

本研究考察经 PFC 与 HSA 包裹后 Cs$_x$WO$_3$@PFC 的 CT 造影能力是否受到影响，与前文相同，体内成像是通过瘤内注射 Cs$_x$WO$_3$@PFC 纳米粒子于 PANC-1-H 荷瘤小鼠，注射前后的 CT 成像图如图 5.10 所示。

 注射前　　　　　　　　　　　　 注射后

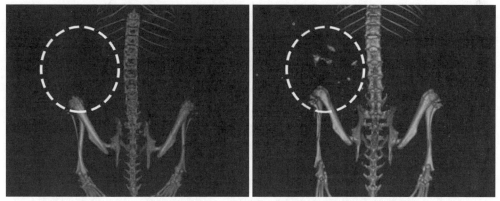

图 5.10　瘤内注射 Cs$_x$WO$_3$@PFC 溶液前后荷瘤小鼠的 CT 成像图

注射 Cs$_x$WO$_3$@PFC 前，肿瘤部位的 CT 信号特别弱，说明肿瘤组织自身不具备 CT 成像能力，需要引入造影剂对肿瘤部位进行诊断成像。随后，将 Cs$_x$WO$_3$@PFC 分散在生理盐水中，将 50 μL 质量浓度为 4 mg/mL 的 Cs$_x$WO$_3$@PFC 溶液通过瘤内注射到小鼠体内。由于 Cs$_x$WO$_3$@PFC 在肿瘤内需要一定的扩散时间，因此，注射 Cs$_x$WO$_3$@PFC 1 h 之后可以清晰地观测到肿瘤的形态，这是由于 W 元素具有较大的原子序数以及较强的 X 射线衰减系数所致。由上述的结果可知，经 PFC 与 HSA 包裹后，Cs$_x$WO$_3$@PFC 的 CT 造影能力并没有受到影响，由此证明 Cs$_x$WO$_3$@PFC 也是一种较为理想的 CT 造影剂。

5.5.2 Cs$_x$WO$_3$@PFC 用于体内光声成像的测试

光声（PAT）成像因具有较高的对比度、较深的组织穿透力以及可提供三维组织成像的能力而具有广阔的应用前景。第 4 章已经证明了 M-Cs$_x$WO$_3$ 纳米粒子是一种潜在的 PAT 成像剂，本研究将探究经过 PFC 与 HSA 包裹后 Cs$_x$WO$_3$@PFC 的体内光声成像效果。选取未注射 Cs$_x$WO$_3$@PFC 纳米粒子的 PANC-1-H 荷瘤小鼠作为对照组，获取 PAT 成像图像后，将 100 μL 质量浓度为 2 mg/mL 的 Cs$_x$WO$_3$@PFC 纳米粒子瘤内注射到 PANC-1-H 荷瘤小鼠体内，从而获取注射后不同时间的小鼠肿瘤 PAT 信号图像。第 4 章对荷瘤小鼠肿瘤光声信号监测时间较短（总时间为 20 min），一种优异的 PAT 诊疗剂应具有更持久的成像时间，因此，本研究选择注射 Cs$_x$WO$_3$@PFC 后的 1 h、3 h、6 h、12 h 以及 24 h 进行小鼠肿瘤部位 PAT 信号监测，结果如图 5.11 所示。

最大值

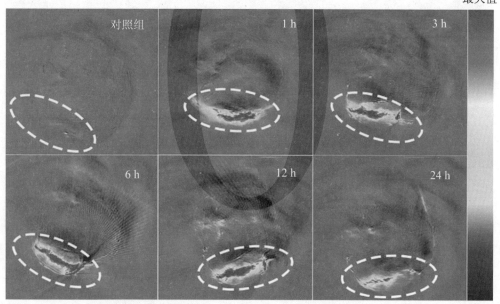

最小值

图 5.11 瘤内注射 Cs$_x$WO$_3$@PFC 溶液前后不同时间荷瘤小鼠体内光声成像图

对照组的 PAT 信号强度较弱，肿瘤部位的 PAT 信号与其他组织的 PAT 信号基本接近，注射 Cs$_x$WO$_3$@PFC 纳米粒子后，随着测试时间的增加，肿瘤部位 PAT 信号强度随着时间的增加而增强，在注射 6 h 时，肿瘤部位的 PAT 信号达到最大值，并且肿瘤部位的信号明显强于其他组织，而在注射 12 h 时，肿瘤部位的 PAT 信号略微减弱，这可能是由于纳米 Cs_xWO_3@PFC 在体内扩散或被降解或代谢至体外所致，在注射 24 h 时，肿瘤部位的 PAT 信号减弱较为明显，但仍能检测到 PAT。因此，可以证明 Cs_xWO_3@PFC 具有较长的 PAT 成像时间，是一种较为理想的 PAT 造影剂。

5.6　Cs_xWO_3@PFC 的细胞毒性与光治疗效果的体外检测

5.6.1　Cs_xWO_3@PFC 的细胞毒性检测

　　PFC 因具有较强的氧气负载能力而被用于合成人造血液，而 HSA 是从人的血清中提取，它是血液中脂肪酸的携带者。因此，PFC 与 HSA 均具有极好的生物相容性。是否具有良好的生物相容性是评判光治疗剂的重要指标之一，理想的光治疗剂在无近红外光照射时应对细胞无毒性或毒性较小，以避免在光治疗过程中光治疗剂对正常细胞或组织的损伤。因此本研究通过 MTT 法，探究经 PFC 与 HSA 的包裹后，Cs_xWO_3@PFC 对 BxPC-3 细胞、PANC-1 细胞以及 PANC-1-H 细胞的毒性作用，Cs_xWO_3@PFC 溶液与不同细胞共培养 24 h 的细胞毒性测试结果如图 5.12 所示。

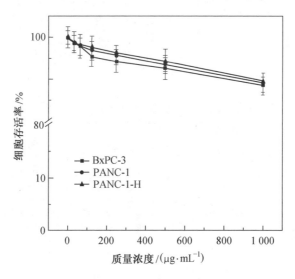

图 5.12　Cs_xWO_3@PFC 溶液与不同细胞共培养 24 h 的细胞毒性测试结果

当 Cs$_x$WO$_3$@PFC 质量浓度为 15.625～1 000 µg/mL 时，其对 BxPC-3、PANC-1 以及 PANC-1-H 细胞均无明显的细胞毒性。当 Cs$_x$WO$_3$@PFC 质量浓度为 125 µg/mL 时，BxPC-3、PANC-1 以及 PANC-1-H 细胞存活率均高于 95%。当 Cs$_x$WO$_3$@PFC 质量浓度为 1 000 µg/mL 时，BxPC-3、PANC-1 以及 PANC-1-H 细胞仍具有较高的存活率，存活率分别为 88.76%±2.51%、89.74%±1.42%以及 88.79%±1.82%。因此，可以证明 Cs$_x$WO$_3$@PFC 具有良好的生物相容性。

5.6.2 Cs$_x$WO$_3$@PFC 的光治疗效果的体外检测

本节进一步通过荧光染色的方法来检测 Cs$_x$WO$_3$@PFC@O$_2$ 的 PTT/PDT 协同作用。仍然选用 Calcein-AM 与 PI 分别染色活细胞和死细胞，活细胞呈现绿色荧光（图中白点为绿色荧光，比白色暗的是红色荧光），而死细胞呈现红色荧光，结果如图 5.13 所示。

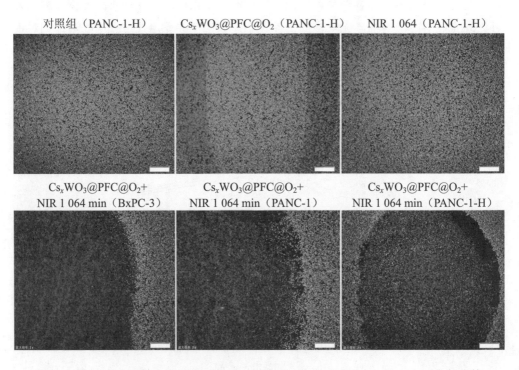

图 5.13　近红外光照射 5 min 后 Cs$_x$WO$_3$@PFC@O$_2$ 对 BxPC-3/PANC-1/PANC-1-H 细胞的光动力与光热协同治疗的荧光图 （标尺：500 µm）

对照组、$Cs_xWO_3@PFC@O_2$ 处理组与 1 064 nm 近红外光照组几乎所有细胞均呈现绿色荧光，证明 $Cs_xWO_3@PFC@O_2$ 本身与仅经近红外光照射基本均对胰腺癌细胞没有损伤。将 PANC-1-H、BxPC-3 或 PANC-1 细胞与 $Cs_xWO_3@PFC@O_2$ 分别共培养 24 h，然后利用波长为 1 064 nm 的近红外光照射。当 $Cs_xWO_3@PFC@O_2$ 结合近红外光照射时间为 5 min 时，通过对比 3 种不同的胰腺癌细胞可知，BxPC-3 与 PANC-1 细胞受到的杀伤区域明显比 PANC-1-H 细胞大，这是由于 BxPC-3 与 PANC-1 细胞为常氧环境培养，使得 $Cs_xWO_3@PFC@O_2$ 结合近红外光的 PDT 效果更加明显所致。

为了进一步证明 PFC 的包裹具有增强 PDT 的作用，本研究通过 MTT 的方法区分 PDT 与 PTT 的效果。实验共分为 4 组，分别为 $M-Cs_xWO_3@O_2$ 与 PANC-1-H 细胞共培养组、$Cs_xWO_3@PFC@O_2$ 与 PANC-1-H 细胞共培养组、$Cs_xWO_3@PFC@O_2$ 与 PANC-1 细胞共培养组以及 $Cs_xWO_3@PFC@O_2$ 与 BxPC-3 细胞共培养组，如图 5.14 所示。

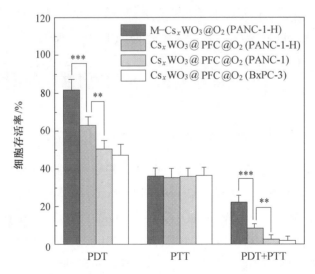

图 5.14　不同纳米样品与 PANC-1-H/PANC-1/BxPC-3 细胞共培养 24 h 细胞存活率的检测

（**：$p<0.01$；***：$p<0.001$）

当利用波长为 1 064 nm 的近红外光治疗缺氧条件下培养的 PANC-1-H 细胞时，Cs_xWO_3@PFC@O_2 与 M-Cs_xWO_3@O_2 具有相近的 PTT 效果，但 Cs_xWO_3@PFC@O_2 的 PDT 效果明显优于 M-Cs_xWO_3@O_2（$p<0.001$），这是由于当细胞含氧量相同时，Cs_xWO_3@PFC@O_2 的携带氧量高于 M-Cs_xWO_3@O_2。当光治疗的纳米材料均选用 Cs_xWO_3@PFC@O_2 时，其对 PANC-1-H、PANC-1 与 BxPC-3 3 种细胞具有相近的 PTT 效果，但 Cs_xWO_3@PFC@O_2 对 PANC-1 与 BxPC-3 细胞的 PDT 效果要明显优于 PANC-1-H 细胞，这是由于当纳米材料携带的氧量相同时，PANC-1 与 BxPC-3 细胞含氧高于 PANC-1-H 细胞。最终 4 个实验组对胰腺癌细胞的 PDT 结合 PTT 的治疗效果顺序为：Cs_xWO_3@PFC@O_2 与 BxPC-3 细胞共培养组（肿瘤细胞抑制率为 97.5%）＞ Cs_xWO_3@PFC@O_2 与 PANC-1 细胞共培养组（肿瘤细胞抑制率为 97.1%）＞ Cs_xWO_3@PFC@O_2 与 PANC-1-H 细胞共培养组（肿瘤细胞抑制率为 94.5%，$p<0.01$）＞ M-Cs_xWO_3@O_2 与 PANC-1-H 细胞共培养组（肿瘤细胞抑制率为 77.7%，$p<0.001$）。综上所述，Cs_xWO_3 纳米粒子由于经 PFC 的包裹与氧气的负载，其 PDT 效果显著增强，因此，Cs_xWO_3@PFC@O_2 可用于实体瘤的 PTT/PDT 协同治疗。

5.7 Cs_xWO_3@PFC 体内抗肿瘤性能的研究

5.7.1 Cs_xWO_3@PFC 致小鼠肿瘤内光热效应的检测

体外实验已经验证了 Cs_xWO_3@PFC@O_2 纳米粒子对胰腺癌细胞具有较好的 PTT 与 PDT 效果，本研究将进一步探究 Cs_xWO_3@PFC@O_2 的体内 PTT/PDT 协同抗肿瘤效果。将 100 μL PBS、M-Cs_xWO_3@O_2 或 Cs_xWO_3@PFC@O_2（1 mg/mL）通过瘤内注射到 PANC-1-H 或 BxPC-3 荷瘤小鼠体内，利用波长为 1 064 nm 的近红外光（2 W/cm^2）照射肿瘤，通过近红外成像仪监测荷瘤小鼠肿瘤部位的温度，得到的结果如图 5.15 所示。

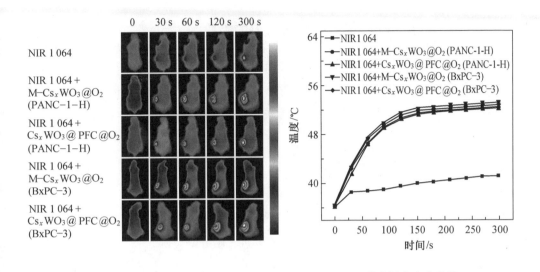

（a）光热成像图　　　　　　　　（b）肿瘤温度变化曲线

图 5.15　各组荷瘤小鼠的光热成像图与肿瘤温度变化曲线

在近红外光照射下，只注射 PBS 的小鼠肿瘤部位升温效果较差，照射 5 min 后，肿瘤的温度仅升高到 41.2 ℃，在此温度下，无法达到肿瘤热消融的目的，而 $M-Cs_xWO_3@O_2$ 或 $Cs_xWO_3@PFC@O_2$ 结合近红外光照射能促使 PANC-1-H 荷瘤小鼠肿瘤部位的升温效果明显，且二者升温较为接近。在光照 5 min 时，温度均达到约 52 ℃。同时进一步引入两个对比实验组，将 100 μL 质量浓度为 1 mg/mL 的 $M-Cs_xWO_3@O_2$ 或 $Cs_xWO_3@PFC@O_2$ 通过瘤内注射的方式注射到 BxPC-3 荷瘤小鼠体内，同样利用波长为 1 064 nm 的近红外光（$2 W/cm^2$）照射肿瘤部位，发现 $M-Cs_xWO_3@O_2$ 或 $Cs_xWO_3@PFC@O_2$ 结合近红外光照射使 BxPC-3 荷瘤小鼠肿瘤升高的温度与 PANC-1-H 荷瘤小鼠相一致，同样在照射 5 min 时，达到约 52 ℃。从以上得到的数据分析可知 PFC 的包裹未改变 Cs_xWO_3 纳米粒子的光热升温效果。另外，$M-Cs_xWO_3@O_2$ 或 $Cs_xWO_3@PFC@O_2$ 致 PANC-1-H 与 BxPC-3 两种荷瘤小鼠肿瘤升高的温度接近，证明光热效应不受肿瘤环境氧含量的影响。

5.7.2 Cs$_x$WO$_3$@PFC 体内抗肿瘤效果的检验

本研究检验 Cs$_x$WO$_3$@PFC@O$_2$ 用于 PTT/PDT 协同治疗小鼠肿瘤的效果以及进一步验证 Cs$_x$WO$_3$@PFC@O$_2$ 在小鼠体内具有增强的 PDT 效果，实验得到的肿瘤体积与治疗时间的关系曲线以及治疗效果照片如图 5.16 与图 5.17 所示。

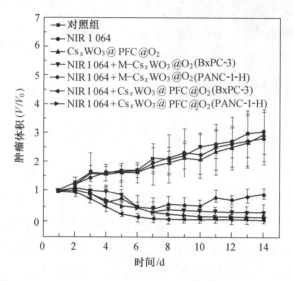

图 5.16　各组小鼠肿瘤体积与治疗时间的关系曲线（n=5）

当荷瘤小鼠的肿瘤达到约 200 mm^3 时被随机分为 7 组，每组 5 只小鼠。第 1 组为对照组；第 2 组为近红外光（NIR 1 064）照射组；第 3 组为 Cs$_x$WO$_3$@PFC@O$_2$ 处理组；第 4 组为近红外光结合 M-Cs$_x$WO$_3$@O$_2$ 治疗 PANC-1-H 荷瘤小鼠组；第 5 组为近红外光结合 Cs$_x$WO$_3$@PFC@O$_2$ 治疗 PANC-1-H 荷瘤小鼠组；第 6 组为近红外光结合 M-Cs$_x$WO$_3$@O$_2$ 治疗 BxPC-3 荷瘤小鼠组；第 7 组近红外光结合 Cs$_x$WO$_3$@PFC@O$_2$ 治疗 BxPC-3 荷瘤小鼠组。上述各实验组均通过瘤内注射的方式注射 100 μL PBS 和相应体积的 Cs$_x$WO$_3$@PFC@O$_2$ 或 M-Cs$_x$WO$_3$@O$_2$ 溶液（1 mg/mL），同时选用密度为 2 W/cm^2 的 1 064 nm 的近红外激光对荷瘤小鼠的肿瘤部位照射 5 min。在 14 d 的治疗过程中，各组小鼠均无死亡，结果如图 5.16 所示，对照组、近红外光照射组与 Cs$_x$WO$_3$@PFC@O$_2$ 处理组的小鼠肿瘤均生长较快，表明仅利用近红外光照射与仅注射 Cs$_x$WO$_3$@PFC@O$_2$ 均无法有效抑制肿瘤的生长。

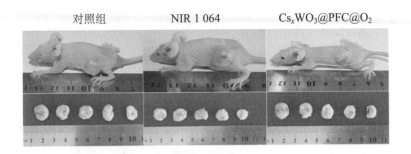

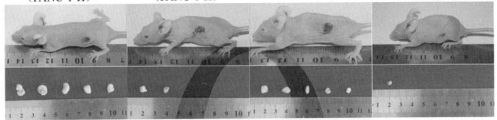

图 5.17　治疗 14 d 后各组小鼠与肿瘤的照片（n=5）

对于两个 PANC-1-H 荷瘤小鼠光治疗组，注射 Cs_xWO_3@PFC@O_2 后具有显著地肿瘤消融效果，而注射 M-Cs_xWO_3@O_2 在第一周具有一定的肿瘤抑制效果，但之后肿瘤又重新复发，由此证明与 M-Cs_xWO_3@O_2 相比，Cs_xWO_3@PFC@O_2 具有增强的PDT 效果。对于两个 BxPC-3 荷瘤小鼠光治疗组，Cs_xWO_3@PFC@O_2 与 M-Cs_xWO_3@O_2 均具有显著的肿瘤抑制效果，但 Cs_xWO_3@PFC@O_2 对肿瘤的抑制效果明显优于 M-Cs_xWO_3@O_2，且前者治疗后，大部分小鼠的肿瘤都已经被消融（图 5.17），这是由于 Cs_xWO_3@PFC@O_2 可以负载更多的氧，因此其 PDT 效果优于 M-Cs_xWO_3@O_2。对于 Cs_xWO_3@PFC@O_2 纳米粒子，其对 BxPC-3 荷瘤小鼠的 PDT 效果要优于对PANC-1-H 荷瘤小鼠的 PDT 效果，这是因为 BxPC-3 细胞含有更多的氧，因而增强了Cs_xWO_3@PFC@O_2 的 PDT 效果。

在治疗过程中，小鼠体重的变化可以反映所用纳米材料的安全性。如图 5.18 所示，在 14 d 的治疗过程中，各组小鼠的体重均无明显变化，表明 Cs_xWO_3@PFC@O_2介导的光治疗过程对小鼠无明显毒性。综上所述，Cs_xWO_3@PFC@O_2 显著增强了Cs_xWO_3 纳米粒子的 PDT 效果；同时，Cs_xWO_3@PFC@O_2 结合波长为 1 064 nm 的近红外光，治疗时间为 5 min 时，就可以达到较理想的肿瘤治疗效果，此外，可以初步判断 $Cs_xWO_3@PFC@O_2$ 具有良好的体内生物相容性，其在生物医学领域具有较好的应用潜力。

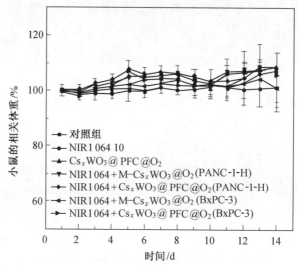

图5.18　各组小鼠体重与治疗时间的关系曲线（n=5）

5.8　小鼠各组织的组织病理学分析及其血液指标检测

5.8.1　组织病理学分析

为了在组织学上检测各个纳米材料对肿瘤的治疗效果以及治疗后小鼠主要脏器（心、肝、脾、肺和肾）的损伤情况，本研究通过 H&E 染色的方法对各组小鼠的肿瘤与主要脏器进行组织病理学分析，如图5.19与图5.20所示。从治疗效果看，对照组、近红外光照射组与 $Cs_xWO_3@PFC@O_2$ 处理组小鼠肿瘤细胞的形态与细胞核均无显著改变（图5.19），说明肿瘤细胞均无明显的损伤，因此仅近红外光照射或仅 $Cs_xWO_3@PFC@O_2$ 处理无法破坏实体瘤组织。

对于 PANC-1-H 荷瘤小鼠光治疗组，$Cs_xWO_3@PFC@O_2$ 介导的光治疗对小鼠肿瘤细胞损伤明显大于 $M-Cs_xWO_3@O_2$ 介导的光治疗（如图5.19中右上角展示的相应放大区域所示）。因此，进一步证明与 $M-Cs_xWO_3@O_2$ 相比，$Cs_xWO_3@PFC@O_2$ 具有增强的 PDT 效果。

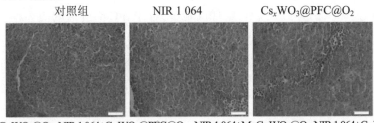

图 5.19　治疗 14 d 后各组小鼠肿瘤组织的病理切片图（标尺：50 μm）

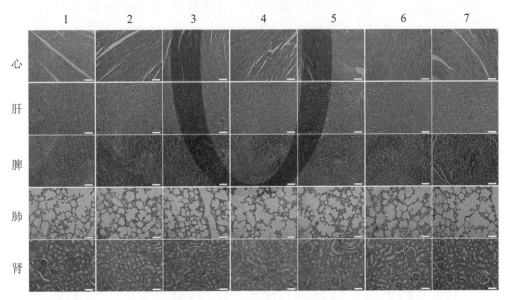

图 5.20　治疗 14 d 后各组小鼠主要脏器组织的病理切片图（标尺：50 μm）

1—对照组；2—NIR 1 064；3—$Cs_xWO_3@PFC@O_2$；4—NIR 1 064+$M-Cs_xWO_3@O_2$（PANC-1-H）；
5—NIR 1 064+$Cs_xWO_3@PFC@O_2$（PANC-1-H）；6—NIR 1 064+$M-Cs_xWO_3@O_2$（BxPC-3）；
7—NIR 1 064+$Cs_xWO_3@PFC@O_2$（BxPC-3）

对于 BxPC-3 荷瘤小鼠光治疗组，$Cs_xWO_3@PFC@O_2$ 介导的光治疗对肿瘤细胞的损伤仍然大于 $M-Cs_xWO_3@O_2$ 介导的光治疗；对于相同的纳米材料，1 064 nm 的近红外光结合 $M-Cs_xWO_3@O_2$ 或 $Cs_xWO_3@PFC@O_2$ 对 BxPC-3 肿瘤的破坏程度要大于对 PANC-1-H 肿瘤的破坏。通过对 PANC-1-H 肿瘤以上的对比实验可以发现，肿瘤组织的病理切片的变化趋势与前面肿瘤大小的数据变化趋势基本一致，因此进一步证明了肿瘤含氧量在 PDT 过程中的重要性，提高诊疗体系的氧气负载量是提高其 PDT 效果的一种有效途径。将各组小鼠在治疗 14 d 后安乐死并收集主要器官进行组织病理学分析。如图 5.20 所示，治疗后小鼠各个脏器组织损伤，因此初步证明 $Cs_xWO_3@PFC@O_2$ 纳米粒子在本实验所选用的剂量下进行的光治疗对小鼠基本无毒性。

5.8.2　血液毒性的检测

纳米材料的血液毒性也是生物医学领域关注的一个重要内容，血常规是对生物体最基本的血液检验，通过检测血液中不同细胞的含量变化以及形态分布可以判断血液状况以及评价生物体的生理状态；同时也是医生诊断病情的常用辅助检查手段之一。本研究通过血液分析来检测 $Cs_xWO_3@PFC@O_2$ 纳米粒子对小鼠血液的毒性作用，检测结果如图 5.21 所示。

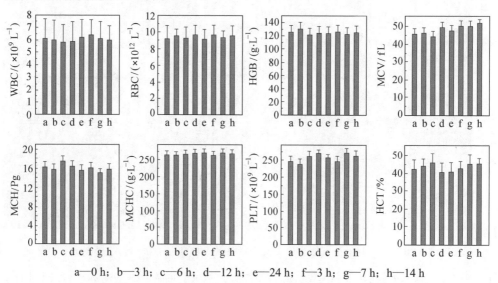

a—0 h；b—3 h；c—6 h；d—12 h；e—24 h；f—3 h；g—7 h；h—14 h

图 5.21　注射 $Cs_xWO_3@PFC@O_2$ 不同时间小鼠的血常规检测结果

检测的血液常规指标主要包括：红细胞（RBC）、白细胞（WBC）、血红蛋白（HGB）、平均红细胞体积（MCV）、平均血红蛋白含量（MCH）、平均血红蛋白浓度（MCHC）、血小板（PLT）以及红细胞压积（HCT）。本研究将 100 μL 质量浓度为 1 mg/mL 的 $Cs_xWO_3@PFC@O_2$ 通过尾静脉注射到小鼠体内，采集注射后 0、3 h、6 h、12 h、24 h、3 d、7 d 以及 14 d 小鼠的血液，利用血液分析仪进行检测（采用预稀释模式，即取 20 μL 血液加入 1 mL 稀释液中进行测试）。如图 5.21 所示，注射该纳米材料后小鼠血液各项指标均无显著差异，并且均处于正常值范围内，表明 $Cs_xWO_3@PFC@O_2$ 纳米粒子在 14 d 的血液循环中并未对小鼠体内造成明显毒性，再次证明了 $Cs_xWO_3@PFC@O_2$ 纳米粒子在光治疗过程中的安全性。

5.9　本章小结

本研究设计并合成了由 PFC 与 HSA 包裹的 Cs_xWO_3 纳米粒子组成的新型诊疗剂（$Cs_xWO_3@PFC$），用于经化学诱导后小鼠实体瘤（PANC-1-H）的治疗。对该新型纳米诊疗剂的理化特性，如形貌、尺寸、光学吸收以及氧气释放性能等进行了较为系统的研究。在此基础上，评估了该纳米诊疗剂的 CT 与 PAT 成像性能、体内肿瘤抑制效果和体内毒性。其主要结果如下：

（1）$Cs_xWO_3@PFC$ 能够实现氧气的负载与释放，与 M-Cs_xWO_3 相比，$Cs_xWO_3@PFC$ 具有更好的氧气负载量，明显提高了肿瘤细胞中氧的含量，在近红外光的照射下实现可控释放与进一步促进 $^1O_2$ 的产生，显著提高对肿瘤细胞的 PDT 效果。

（2）当治疗的小鼠为 PANC-1-H 实体瘤荷小鼠时，在近红外光的照射下，$Cs_xWO_3@PFC@O_2$ 与 M-$Cs_xWO_3@O_2$ 具有相近的光热性能，但 $Cs_xWO_3@PFC@O_2$ 的 PDT 效果明显优于 M-$Cs_xWO_3@O_2$。当治疗材料均用 $Cs_xWO_3@PFC@O_2$ 时，$Cs_xWO_3@PFC@O_2$ 对 PANC-1-H 与 BxPC-3 荷瘤小鼠均具有相近的光热效果，但 $Cs_xWO_3@PFC@O_2$ 对 BxPC-3 荷瘤小鼠的 PDT 效果要明显优于对 PANC-1-H 荷瘤小鼠的 PDT 效果。

（3）通过瘤内注射 $Cs_xWO_3@PFC@O_2$，结合"第二窗口"近红外光可以实现 PANC-1-H 荷瘤小鼠的 PTT 与增强的 PDT 效果；同时证明 $Cs_xWO_3@PFC$ 是一种良好的 CT 与 PAT 造影剂。

（4）通过小鼠体重变化、各主要脏器的组织病理切片以及血液分析，证明了 Cs$_x$WO$_3$@PFC 介导的光治疗过程对小鼠无明显毒副作用。

第6章 靶向肽修饰的铯钨青铜纳米粒子的制备及其与近红外光治疗的作用

6.1 引 言

目前，如何将诊疗剂定向、直接地运送到肿瘤细胞或肿瘤血管处，即靶向运输（或靶向递送），是生物医学领域面临的巨大挑战。有效地靶向递送可以降低诊疗剂的使用量及对全身的毒性，提高诊疗剂的生物利用率等，从而增强诊断及治疗效果。纳米诊疗剂的靶向递送可以分为被动靶向递送和主动靶向递送，被动靶向递送主要是利用肿瘤周围的血管与正常血管的不同而实现的，正常血管壁仅有直径为 5～10 nm的小孔，而肿瘤血管壁的孔的直径为 100 nm～1 μm。因此，粒径为 20～500 nm 的纳米诊疗剂在血液流经肿瘤血管时会滞留，这种现象也叫高通透性和滞留（EPR）效应；而主动靶向递送则主要通过将一些具有主动靶向功能的配体修饰到纳米诊疗剂表面，使纳米诊疗剂与一些特定受体特异性结合，从而减少纳米诊疗剂在非特异性组织中的分布，有效地结合主动靶向与被动靶向是提高抗肿瘤药物疗效的关键。

本书第 4 章的研究结果证明了 Cs_xWO_3 不仅可以用于 CT 成像与 PAT 成像，而且可以用于 PTT/PDT 协同抗肿瘤治疗，此外还确定了在相同的功率密度条件下 1 064 nm 近红外激光的治疗效果要优于 880 nm 的治疗效果。而第 5 章通过引入氧携带体提高了 Cs_xWO_3 纳米粒子的 PDT 效果。但上述合成的纳米样品对肿瘤均无靶向递送作用，而是均采用瘤内注射的方式治疗的，因此，为了提高样品的靶向性，本章选用一种小分子靶向肽（半胱氨酸-精氨酸-甘氨酸-天冬氨酸-赖氨酸）CRGDK 修饰在 Cs_xWO_3 表面，CRGDK 对乳腺癌细胞（MDA-MB-231）表面过表达的神经纤毛蛋白-1（Nrp-1）受体具有较好的主动靶向性，因此将其修饰到 Cs_xWO_3 表面用于提高诊疗剂的靶向能力。此外，到目前为止的 PTT 与 PDT 均采用单一波长的激光为外加光源，而使用连续光谱的近红外光进行 PTT 与 PDT 协同治疗未见报道。近红外光用于光治疗具有以下优点：首先，人体对不同波长光的反射和吸收能力以及体内不同组织的光学特性不同，因此针对不同病症或者同一病症的不同时期，利用单色光进行光治疗很难达到最佳效果。其次，生物体在反复受到同一波长单色光刺激后会产生适应性，单色光治疗一段时间后由于组织的适应性会造成疗效逐渐下降，而具有连续波长的近红外光能降低生物体的适应性，较好地弥补了上述缺点。因此本研究选用波长分布在 800～1 300 nm 的近红外光进行 PTT 与 PDT 的协同治疗研究。

6.2 靶向肽修饰的铯钨青铜纳米粒子（Cs_xWO_3@CRGDK）的合成与表征

6.2.1 微观结构的 TEM 观察

CRGDK 是一种对乳腺癌细胞具有靶向性的多肽。为了便于后续的检测，本研究选择异硫氰酸荧光素（FITC）标记的多肽（CRGDK-FITC）为靶向分子修饰于 Cs_xWO_3 纳米粒子表面。CRGDK-FITC 表面含有可供化学键相连的羧基基团，可与氨基基团以酰胺键的形式结合。Cs_xWO_3 表面无氨基，但本书第 4 章合成的聚电解质修饰的 Cs_xWO_3 表面含有氨基基团，因此可以通过交联反应将 CRGDK-FITC 修饰到 $M-Cs_xWO_3$ 表面，最终获得靶向肽修饰的 Cs_xWO_3 纳米粒子（命名为 Cs_xWO_3@CRGDK）。Cs_xWO_3@CRGDK 纳米粒子的透射电子显微镜照片如图 6.1 所示，其形貌与单纯的 $M-Cs_xWO_3$ 类似，有机层厚度为 6～8 nm。

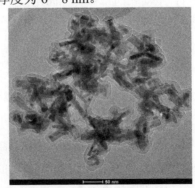

图 6.1 Cs_xWO_3@CRGDK 纳米粒子的透射电子显微镜照片

6.2.2　紫外–可见–近红外吸收光谱与荧光光谱检测

为了进一步证明 CRGDK-FITC 成功地修饰在 M-Cs$_x$WO$_3$ 表面，本研究分别测试了 CRGDK-FITC 修饰前后不同样品溶液的紫外–可见–近红外吸收光谱与荧光光谱。从图 6.2（a）可知，CRGDK-FITC 在可见光区 440 nm 处有明显吸收峰，而 M-Cs$_x$WO$_3$ 在可见光区存在一定吸收但无明显特征的峰。修饰 CRGDK-FITC 以后，Cs$_x$WO$_3$@CRGDK 在可见光区出现一个明显的增强肩峰，与 CRGDK-FITC 相比，此吸收峰发生了一定红移，表明 CRGDK-FITC 被成功修饰到 M-Cs$_x$WO$_3$ 表面，且与 Cs$_x$WO$_3$ 存在一定相互作用而造成了吸收光谱的偏移。随后，本研究测试了样品的荧光光谱，如图 6.2（b）所示。在 488 nm 激发光的激发下，M-Cs$_x$WO$_3$ 在波长为 480～700 nm 时无荧光，而 CRGDK-FITC 具有荧光并且其发射光谱最大波长为 520 nm，产生的荧光源于其携带的 FITC。修饰 FITC-CRGDK 后，Cs$_x$WO$_3$@CRGDK 具有明显的荧光，并且荧光发光谱也相应地发生了一定红移。以上结果可以很好地证明 CRGDK-FITC 成功的修饰在 M-Cs$_x$WO$_3$ 表面。

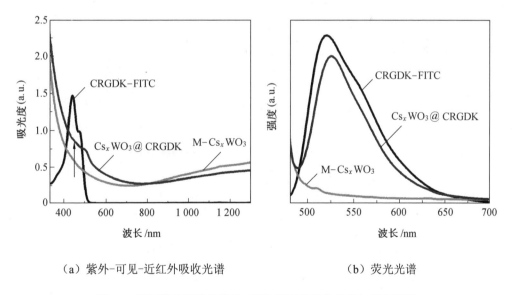

（a）紫外–可见–近红外吸收光谱　　　　　　（b）荧光光谱

图 6.2　不同样品溶液的紫外–可见–近红外吸收光谱与荧光光谱

6.2.3 Cs$_x$WO$_3$@CRGDK 的 XRD 与 XPS 分析

本研究首先利用 XRD 和 XPS 对 Cs$_x$WO$_3$@CRGDK 进行了晶体结构以及价态的测试与分析。如图 6.3（a）所示，Cs$_x$WO$_3$@CRGDK 的 XRD 峰位与 Cs$_x$WO$_3$ 以及 Cs$_{0.32}$WO$_3$ 的标准卡片（JCPDS No. 831334）的峰位一致，且未见任何杂质峰，说明 CRGDK-FITC 的修饰并未对 Cs$_x$WO$_3$ 的晶体结构产生影响，但由于外层 CRGDK-FITC 的修饰使得 Cs$_x$WO$_3$@CRGDK 衍射峰强度略有下降。

同时，对所得 Cs$_x$WO$_3$@CRGDK 的 XPS 进行分析并做分峰处理。如图 6.3（b）所示，其 W4f 谱图可被分为两组旋转-轨道耦合双峰。35.4 eV 与 37.5 eV 的峰归属于 W^{6+} 的 W4f$_{5/2}$ 与 W4f$_{7/2}$ 峰，而 34.4 eV 与 36.5 eV 的峰归属于 W^{5+} 的 W4f$_{5/2}$ 与 W4f$_{7/2}$ 峰。由此证明 Cs$_x$WO$_3$@CRGDK 中 W 元素仍然是以 W^{5+} 和 W^{6+} 混合的形式存在的，这与 Cs$_x$WO$_3$ 纳米粒子的典型结构相符合。表明 CRGDK-FITC 修饰未对 M-Cs$_x$WO$_3$ 的化学价态产生影响，这也是保证其近红外强吸收性能的前提条件。

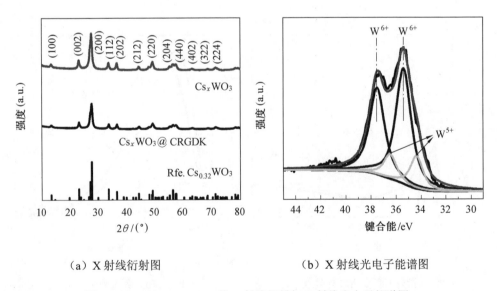

（a）X 射线衍射图　　　　　　（b）X 射线光电子能谱图

图 6.3　Cs$_x$WO$_3$@CRGDK 的 X 射线衍射与 X 射线光电子能谱图

6.2.4　Cs$_x$WO$_3$@CRGDK 的热重分析

为了量化表面层 CRGDK-FITC 的含量，本节通过热重分析对修饰前后的 Cs$_x$WO$_3$ 进行测试。

测试条件为在空气气氛中加热，测试温度范围为 20～800 ℃。Cs$_x$WO$_3$ 与 Cs$_x$WO$_3$@CRGDK 的热重曲线如图 6.4 所示，当温度从 25 ℃升高到 800 ℃时，未被修饰的 Cs$_x$WO$_3$ 的热重损失小，仅约 2%的样品失水，而 Cs$_x$WO$_3$@CRGDK 的质量损失为 21.8%，根据第 4 章的热重曲线分析结果（图 4.3）可知修饰到 Cs$_x$WO$_3$ 表面聚电解质的量为 11.4%。因此，可以计算出 CRGDK-FITC 修饰量为 10.4%。

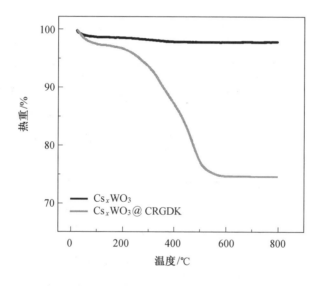

图 6.4　Cs$_x$WO$_3$ 与 Cs$_x$WO$_3$@CRGDK 的热重曲线

6.3　Cs$_x$WO$_3$@CRGDK 的光响应研究

6.3.1　Cs$_x$WO$_3$@CRGDK 的光吸收性质与近红外光源波长分布

本研究通过可见-近红外吸收光谱检测 Cs$_x$WO$_3$@CRGDK 纳米粒子粉体的光吸收效果。将制备的 Cs$_x$WO$_3$@CRGDK 经过离心、冷冻干燥后得到粉体，对其压片处理然后进行测试。如图 6.5 所示，修饰后的 Cs_xWO_3@CRGDK 近红外光吸收与 M-Cs_xWO_3 相比无显著变化，较好地保留了后者的近红外光全谱较强的光吸收特性，说明表面修饰的 CRGDK-FITC 并没有影响 M-Cs_xWO_3 的光学特性。因此，Cs_xWO_3@CRGDK 较好的光学吸收特性能确保其在近红外光治疗时的应用。

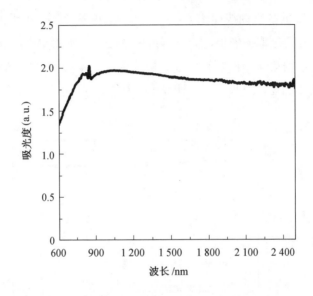

图 6.5　Cs_xWO_3@CRGDK 粉体的可见-近红外吸收光谱

研究发现，光谱范围为 770 nm～15 μm 的红外光具有较高的医用价值。目前，可用于生物医学领域的红外光疗仪器主要包括：灯泡式红外线治疗仪、"神灯"以及射频仪等。灯泡式红外线治疗仪的主辐射峰值约为 1 μm，主要用于基础护理、外科护理以及烧伤护理等，其具有方向性强、辐射效率高且深等特点；"神灯"主辐射区为 2.5～6.5 μm，主要用于理疗科、妇科、内外科等，其具有疗效高、见效快、无疼痛以及无副作用等优点；而射频仪的主辐射峰值主要集中在 2～15 μm，主要用于促进血液循环与新陈代谢以及改善神经系统功能与机体免疫力，其具有稳定性高、操作简便以及安全性高等优点。据报道，使肿瘤部位发生生物化学变化更有助于提高肿瘤的治疗效率，而发生生物化学变化需要生物分子吸收的能量大于其断键所需能量，这种能量的范围在 1～11 eV，对应于波长为 113～1 024 nm。因此，引起生物化学反应的波段范围包含紫外、可见以及部分近红外区。综上所述，由于紫外光对人体有伤害性而可见光对人体的穿透能力较弱，因此选择近红外光进行治疗具有更重要的意义，而目前使用连续波长的近红外光（800～1 300 nm）进行肿瘤的光治疗未见报道，因此本研究选用多波长连续近红外光进行 PTT/PDT 协同治疗，购买型号为HSX-F300 的近红外光源经过出厂自带的 800～1 600 nm 的滤光片过滤后，其光的相对强度分布如图 6.6 所示，尽管近红外光源存在多个波长的近红外光，但其主要分布范围集中在约 800 nm、900 nm 以及 1 020 nm 3 个区域。

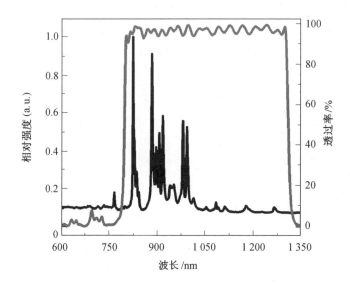

图 6.6　近红外光的光强分布以及定做滤光片的透过率曲线

为了进一步减小生物组织自身以及生物体内水分子对光的吸收，本实验定做了光学范围为 800～1 300 nm 的滤光片。因此，仪器最终发射出的近红外光也同样包含了可用于光治疗的"第一生物窗口"与"第二生物窗口"，并且 Cs_xWO_3@CRGDK 的吸收光谱完全包含了光源所覆盖的范围。

6.3.2　近红外光引导的光热转化性质

本研究主要考察 Cs_xWO_3@CRGDK 水溶液在近红外光照射下的升温性质。将 1 mL质量浓度分别为 0，0.062 5 mg/mL、0.125 mg/mL、0.25 mg/mL、0.5 mg/mL 以及 1 mg/mL的 Cs_xWO_3@CRGDK 溶液分别加入 1 mL 的石英管中。如图 6.7（a）所示，在近红

外光照射下（功率密度为 1 W/cm^2），去离子水的升温幅度相对较小，约从 29.3 ℃ 升高至 37.8 ℃。相比之下 Cs$_x$WO$_3$@CRGDK 水溶液具有快速的升温能力，并且其升温效果与质量浓度成正比。在近红外光照射下，质量浓度为 1 mg/mL 的 Cs$_x$WO$_3$@CRGDK 溶液温度在 10 min 内能从 29.3 ℃升高到 56.6 ℃，50 ℃以上足以满足肿瘤热消融所需的温度。另外，不同浓度所对应的温升（ΔT）如图 6.7（b）所示，Cs$_x$WO$_3$@CRGDK 溶液质量浓度为 1 mg/mL 时，ΔT 为 27.3 ℃。由此可以证明，Cs$_x$WO$_3$@CRGDK 具有预期的光热转化性质。

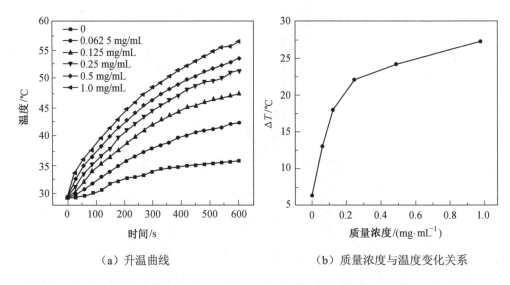

（a）升温曲线　　　　　　　　（b）质量浓度与温度变化关系

图 6.7　Cs$_x$WO$_3$@CRGDK 在近红外光照射下光热转化以及相应温升与质量浓度的关系曲线

6.4　Cs$_x$WO$_3$@CRGDK 光生单线态氧的检测

6.4.1　Cs$_x$WO$_3$@CRGDK 在溶液中光生单线态氧的检测

本研究为了探究 Cs$_x$WO$_3$@CRGDK 在近红外光照射下能否产生 ^{1}O$_2$，与前述一致，仍使用 DPBF 探针通过吸收光谱方法检测其 ^{1}O$_2$ 的产生。使用 FITC 标记的靶向肽对 M–Cs$_x$WO$_3$ 修饰时，因为 FITC 最大吸收波长与探针分子 DPBF 的吸收波长重叠，为了避免发生干扰，本研究选用未被 FITC 标记的 CRGDK 对 M-Cs$_x$WO$_3$ 纳米粒子进行修饰。如图 6.8 所示，在近红外光源照射下，加入 DPBF 的去离子水吸收值降低不明显，DPBF 的吸光度在 60 min 内从 0.5 降低为 0.46，说明去离子水在近红外光的照射下产生的 ^{1}O$_2$ 很少，而加入 DPBF 的 Cs$_x$WO$_3$@CRGDK 水溶液的吸收值下降显著，DPBF 的吸光度在 60 min 内从 0.5 降低为 0.26，证明了 Cs$_x$WO$_3$@CRGDK 在近红外光照下可以产生大量的 ^{1}O$_2$。而其在近红外光照射下之所以能产生大量 ^{1}O$_2$ 主要得益于其在波长为 800～1 300 nm 范围内具有全波谱吸收的性质（图 6.5）。此外，绝大多数的半导体纳米材料仅在某一小范围内具有最大吸收波长，因此选用 Cs$_x$WO$_3$@CRGDK 结合近红外光进行光治疗能充分发挥两者的优势，从而实现最佳的治疗效果。

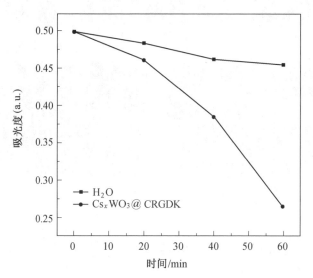

图 6.8　加入 DPBF 探针的 Cs$_x$WO$_3$@CRGDK 溶液和去离子水在不同光照时间的吸收光谱

6.4.2　Cs$_x$WO$_3$@CRGDK 在细胞内光生单线态氧的检测

本研究对 Cs$_x$WO$_3$@CRGDK 结合近红外光照射在 MDA-MB-231 细胞内 ^{1}O$_2$ 的产生进行研究。仍然使用 H$_2$DCFDA 作为细胞内 ^{1}O$_2$ 检测探针，H$_2$DCFDA 是一种非荧光探针，当有 ^{1}O$_2$ 产生时，其会发出绿色荧光。将未经任何处理的 MDA-MB-231 细胞作为阴性对照组，MDA-MB-231 细胞与 50 mmol/L 的 H$_2$O$_2$ 共培养作为阳性对照组。如图 6.9 所示，阴性对照组与仅加入 Cs_xWO_3@CRGDK 处理组的细胞未见荧光，近红外光照射的细胞只有较弱的荧光，说明其有少量的 $^1O_2$ 产生。阳性对照组（H_2O_2）与 Cs_xWO_3@CRGDK 结合近红外光照的细胞均产生较强的荧光，表明在近红外光照射下，Cs_xWO_3@CRGDK 在 MDA-MB-231 细胞内可以产生大量 $^1O_2$，具有 PDT 的潜力。

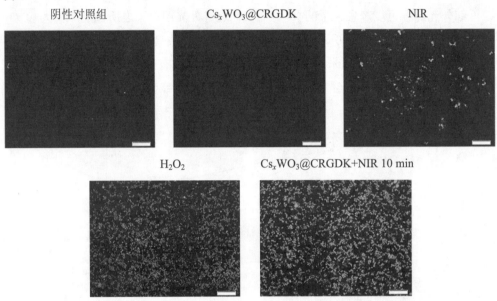

图 6.9　不同处理的 MDA-MB-231 细胞产生单线态氧的荧光图（标尺：200 μm）

6.5　Cs_xWO_3@CRGDK 体外靶向性能的研究

6.5.1　神经纤毛蛋白-1（Nrp-1）受体的表达水平

Nrp-1 属于一种跨膜糖蛋白受体，最早发现于发育中的神经元中，随后被认为是一种称为信号素的分泌蛋白受体（例如：Sema3A、Sema3B、Sema3C 以及 Sema3F）。Nrp-1 除了在发育中的神经系统中起决定作用外，还可在多种非神经细胞中表达，其可以介导各种细胞间的信号以调节人体的生理和病理功能，Nrp-1 的功效主要与肿瘤血管再生与肿瘤细胞增殖等相关，因此，它是肿瘤生物学的研究热点。Nrp-1 受体包含 3 个结构域，分别为胞内结构域、胞外结构域（a1/a2、b1/b2 和 c 结构域）以及跨膜结构域，Nrp-1 受体可以特异性结合一类包含 C-末端 R/KXXR/（CendR）基序的多肽。Lambert 等人发现 CendR 基序与 Nrp-1 受体特异性结合可以有效调节细胞内化和组织渗透性。Nrp-1 受体在正常细胞中表达较少，而在多种肿瘤细胞中过度表达，包括：骨肉瘤细胞、黑色素瘤细胞、肺癌细胞、脑肿瘤细胞、肠癌细胞、胰腺癌细胞、前列腺癌细胞、乳腺癌细胞、白血病细胞、涎腺腺样囊性癌细胞、婴儿血管瘤细胞、卵巢赘瘤细胞以及膀胱癌细胞等，而 CRGDK 属于 CendR 基序多肽的一种，因此，其在理论上对乳腺癌细胞表面过表达的 Nrp-1 受体具有较好的靶向性。靶向肽（CRGDK）结合 Nrp-1 后，可与酪氨酸蛋白激酶受体、VEGFR2/KDR 形成复合物，因而被认为是血管内皮生长因子（VEGF）的共同受体。CRGDK 结合 Nrp-1 导致 VEGFR2、细胞内信号传导、细胞迁移和乳腺癌血管生成等活性增强。为了探究 Cs_xWO_3@CRGDK 对 MDA-MB-231 细胞的靶向机理，本研究通过免疫印迹（Western blott）方法分别检测 MDA-MB-231 与 MCF-10A 细胞（与 MDA-MB-231 相对应的正常乳腺细胞）Nrp-1 蛋白的表达。免疫印迹方法是生物医学领域中常用的一种方法，其原理是通过特异性抗体对处理过的细胞进行着色，通过着色深浅以及位置来分析特定蛋白在细胞中的表达情况。如图 6.10 所示，以 β-肌动蛋白（β-acting）作为内参，MCF-10A 细胞中表达的 Nrp-1 蛋白较少，而 MDA-MB-231 细胞中 Nrp-1 的表达远远高于 MCF-10A，因此可以证明，Cs_xWO_3@CRGDK 对该细胞的靶向机理为该细胞表面 Nrp-1 蛋白的过表达。

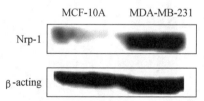

图 6.10　MDA-MB-231 与 MCF-10A 细胞表达 Nrp-1 蛋白的免疫印迹分析

6.5.2　Cs_xWO_3@CRGDK 对细胞靶向性的检测

本研究利用激光共聚焦显微镜（CLSM）进一步验证 Cs_xWO_3@CRGDK 对 MDA-MB-231 细胞的靶向性。如图 6.11 所示，利用 4′,6-二脒基-2-苯基吲哚（DAPI）对细胞核进行染色，DAPI 是一种荧光染料，常用于细胞核的染色，其可以穿透细胞膜而与细胞核中的双链 DNA 结合而发挥标记的作用，经 DAPI 染色后的细胞核呈现蓝色荧光；细胞骨架通过罗丹明 B-鬼笔环肽进行染色，细胞骨架由微丝、微管以及中间纤维组成，鬼笔环肽可以与聚合的微丝特异性结合，因此被罗丹明 B（RhB）标记的鬼笔环肽可以将细胞骨架染成红色；由于绿色荧光染料 FITC 的标记 $Cs_xWO_3@CRGDK$ 呈现绿色荧光。将 1 mL 质量浓度为 125 μg/mL 的 $Cs_xWO_3@CRGDK$ 加入到 MDA-MB-231 细胞中，分别培养 1 h 与 3 h。未经任何处理的 MDA-MB-231 细胞作为对照组。从图6.11可以看出对照组无绿色荧光。当$Cs_xWO_3@CRGDK$与MDA-MB-231 细胞共培养 1 h 后，可以观察到细胞质中有明显的绿色荧光，证明 MDA-MB-231 细胞对 $Cs_xWO_3@CRGDK$ 具有快速的摄取能力。当共培养时间增加到 3 h 后，细胞质中绿色荧光进一步加强与增多。因此，初步说明 $Cs_xWO_3@CRGDK$ 对 MDA-MB-231 细胞具有较好的靶向能力。

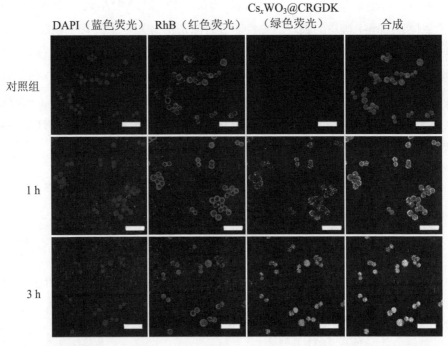

图 6.11　$Cs_xWO_3@CRGDK$ 与 MDA-MB-231 细胞共培养不同时间的激光共聚焦图（标尺：50 μm）

为了进一步验证 Cs$_x$WO$_3$@CRGDK 对 MDA-MB-231 细胞具有特异靶向性，本研究另选用 MCF-10A 细胞作为对比。将 1 mL 质量浓度为 125 μg/mL 的 Cs$_x$WO$_3$@CRGDK 加入到 MCF-10A 细胞中，分别培养 1 h 与 3 h，以未经任何处理的 MCF-10A 细胞作为对照组。如图 6.12 所示，对照组无绿色荧光。当 Cs$_x$WO$_3$@CRGDK 与 MCF-10A 细胞共培养 1 h 后，可以观察到细胞质中有较弱的绿色荧光，证明 MCF-10A 细胞对 Cs$_x$WO$_3$@CRGDK 的摄取能力较弱。当共培养 3 h 后，MCF-10A 细胞质内的绿色荧光并没有明显增强，说明在无主动靶向作用下 MCF-10A 细胞通过正常胞吞作用对 Cs$_x$WO$_3$@CRGDK 的摄取量较少。而 MDA-MB-231 细胞对 Cs$_x$WO$_3$@CRGDK 摄取能力强的主要原因是由于 Cs$_x$WO$_3$ 表面修饰的 CRGDK 对 MDA-MB-231 细胞表面过表达的 Nrp-1 具有靶向性。上述结果初步表明 MDA-MB-231 细胞 Nrp-1 受体的表达量高于 MCF-10A 细胞。

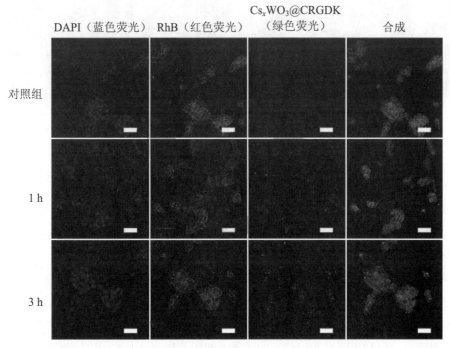

图 6.12　Cs$_x$WO$_3$@CRGDK 与 MCF-10A 细胞共培养不同时间的激光共聚焦图（标尺：50 μm）

6.6 Cs$_x$WO$_3$@CRGDK 用于体内的多重成像

6.6.1 Cs$_x$WO$_3$@CRGDK 用于荧光成像

图 6.11 已经证明了 Cs$_x$WO$_3$@CRGDK 对 MDA-MB-231 细胞具有靶向性，本研究进一步检验其在 MDA-MB-231 荷瘤小鼠体内的靶向性，通过荧光成像的方法检测不同时间 Cs$_x$WO$_3$@CRGDK 在裸鼠体内的分布情况，尾静脉注射 Cs$_x$WO$_3$@CRGDK–Cy5.5 溶液后 MDA-MB-231 荷瘤小鼠在不同时间体内的荧光图像如图 6.13 所示。

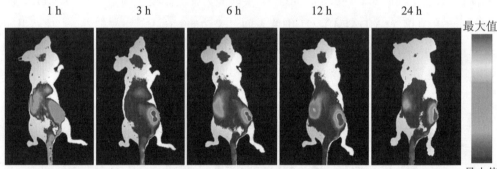

图 6.13　尾静脉注射 Cs$_x$WO$_3$@CRGDK–Cy5.5 溶液后 MDA-MB-231 荷瘤小鼠在不同时间体内的荧光图像

由于 Cs$_x$WO$_3$@CRGDK 本身无荧光，因此需要选择一种近红外荧光染料对其进行标记。Cy5.5 是一种较为常用的近红外标记荧光染料，其最大激发波长为 678 nm，最大发射波长为 695 nm。将 Cy5.5 修饰后的 Cs$_x$WO$_3$@CRGDK（命名为 Cs$_x$WO$_3$@CRGDK–Cy5.5）通过尾静脉注射到小鼠体内，从体内荧光成像图可知，注射 1 h 后 Cs$_x$WO$_3$@CRGDK–Cy5.5 主要富集在小鼠的肝脏和肿瘤中；当注射 3 h 后，大量的 Cs$_x$WO$_3$@CRGDK–Cy5.5 富集在肿瘤部位；注射 24 h 后，该纳米材料仍然主要富集在肿瘤内。因此，可以证明 Cs$_x$WO$_3$@CRGDK–Cy5.5 对 MDA-MB-231 肿瘤具有较好的靶向性。尾静脉注射 Cs$_x$WO$_3$@CRGDK–Cy5.5 24 h 后将小鼠安乐死并解剖，分离出主要脏器，得到主要脏器的荧光成像图。如图 6.14 所示，Cs$_x$WO$_3$@CRGDK–Cy5.5 主要分布在肿瘤，其次是肠、肝脏、肺以及肾，在脾的分布较少，在心脏部位分布的最少。因此，进一步证明了 Cs$_x$WO$_3$@CRGDK–Cy5.5 对 MDA-MB-231 肿瘤的靶向性。

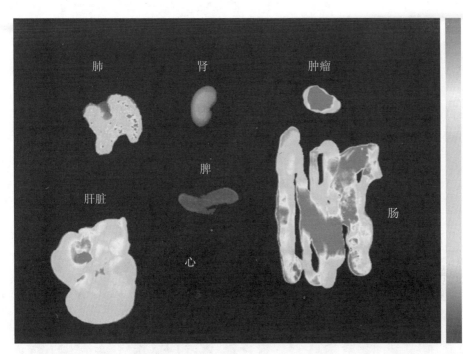

图 6.14　尾静脉注射 Cs$_x$WO$_3$@CRGDK-Cy5.5 溶液 24 h 后荷瘤小鼠主要脏器的荧光图像

6.6.2　Cs$_x$WO$_3$@CRGDK 用于 CT 成像

本研究进一步通过 CT 成像的方法检验 Cs$_x$WO$_3$@CRGDK 对 MDA-MB-231 荷瘤小鼠肿瘤靶向性能，结果如图 6.15 所示。

将麻醉后的荷瘤小鼠置于小动物 CT 成像仪进行测试，从而获得小鼠的三维拟合图像，定义为 0 h。继而将 100 μL 质量浓度为 4 mg/mL 的 Cs$_x$WO$_3$@CRGDK 纳米粒子通过尾静脉注射到 MDA-MB-231 荷瘤小鼠体内，检测不同时间注射后肿瘤区域的 CT 信号强度。如图 6.15 所示，荷瘤小鼠肿瘤处的 CT 信号强度相对荧光成像较弱，但仍然能够观察到肿瘤的位置。注射 Cs$_x$WO$_3$@CRGDK 3 h 后 CT 信号明显增强。与荧光成像结果一致，在注射后 24 h 的检测时间内，Cs$_x$WO$_3$@CRGDK 对肿瘤的靶向作用较强。CT 成像结果也进一步证明了 Cs$_x$WO$_3$@CRGDK 对 MDA-MB-231 荷瘤小鼠的肿瘤具有较好的靶向性。

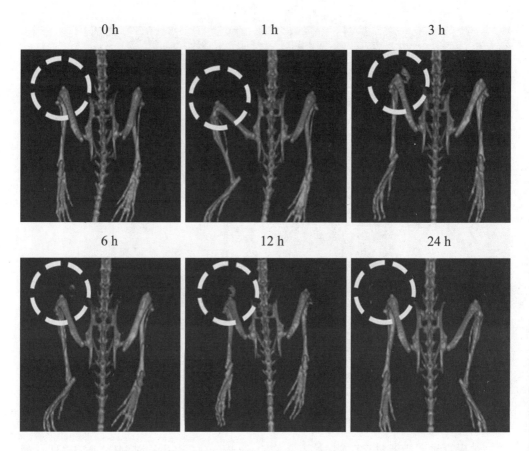

图 6.15 尾静脉注射 Cs_xWO_3@CRGDK 溶液前后不同时间小鼠体内的 CT 成像图

6.6.3 Cs_xWO_3@CRGDK 用于光声成像

PAT 成像具有较高的对比度、较深的组织穿透力以及三维组织成像的能力，因此本研究进一步通过 PAT 成像方法检验 Cs_xWO_3@CRGDK 对 MDA-MB-231 荷瘤小鼠肿瘤的靶向性。将 100 μL 质量浓度为 2 mg/mL 的 Cs_xWO_3@CRGDK 纳米粒子通过尾静脉注射到 MDA-MB-231 荷瘤小鼠内，检测注射后不同时间肿瘤的 PAT 信号强度，结果如图 6.16 所示。

荷瘤小鼠在未注射 Cs_xWO_3@CRGDK 时，其肿瘤处 PAT 信号较弱，当注射 Cs_xWO_3@CRGDK 后，荷瘤小鼠肿瘤处的 PAT 信号值较强，在 3 h 时达到最大值，这与荧光成像与 CT 成像结果相一致，说明 Cs_xWO_3@CRGDK 对 MDA-MB-231 荷瘤小鼠肿瘤具有较强的靶向性。

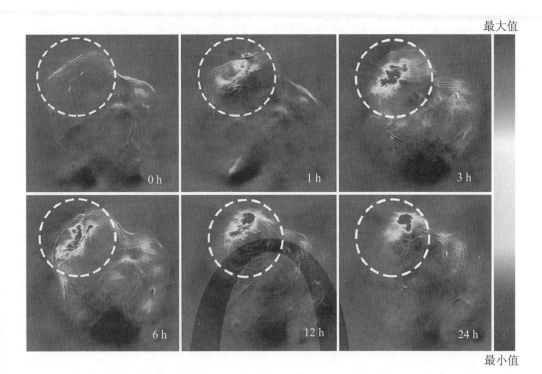

图 6.16　尾静脉注射 $Cs_xWO_3@CRGDK$ 溶液后不同时间荷瘤小鼠体内的光声成像图

6.7　$Cs_xWO_3@CRGDK$ 的细胞毒性与光治疗效果的体外检验

6.7.1　$Cs_xWO_3@CRGDK$ 的细胞毒性

研究 $Cs_xWO_3@CRGDK$ 纳米粒子对细胞的毒性作用对于确定其是否可以用于体内治疗十分必要。诊疗剂应该具有较低的生物毒性，以防止在光治疗的过程中，光热剂自身对细胞或生物组织造成损伤。因此，在进行体内治疗试验之前，本研究采用 MTT 法，探究了 $Cs_xWO_3@CRGDK$ 纳米粒子对 MDA-MB-231 与 MCF-10A 细胞的毒性作用。

如图 6.17 所示，当该纳米溶液质量浓度为 15.625～1 000 μg/mL 时，$Cs_xWO_3@CRGDK$ 对这两种细胞均无明显的毒性作用。当其质量浓度达到 1 000 μg/mL 时，MDA-MB-231 细胞与 MCF-10A 细胞的存活率分别为 81.74%±2.60% 与 82.76%±2.40%。由此可以说

明 Cs_xWO_3@CRGDK 本身对 MDA-MB-231 细胞无杀伤效果，且也不会引起正常细胞的损伤，具有较好的生物相容性。

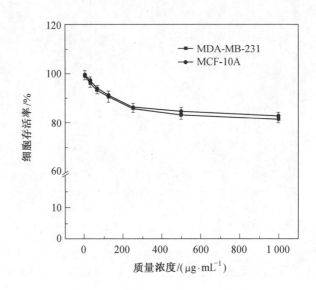

图 6.17 Cs_xWO_3@CRGDK 溶液与不同细胞共培养 24 h 细胞毒性测试

6.7.2 Cs_xWO_3@CRGDK 光治疗效果的体外检验

本研究进一步通过荧光法检验 Cs_xWO_3@CRGDK 对 MDA-MB-231 细胞的 PTT/PDT 协同治疗效果。将 MDA-MB-231 细胞与 Cs_xWO_3@CRGDK 共培养 24 h，并通过 Calcein-AM 与 PI 对活细胞与死细胞染色而分别呈现绿色与红色荧光（圆圈里为红色荧光同，其余为绿色荧光）。如图 6.18 所示，对照组、Cs_xWO_3@CRGDK 处理组与仅近红外光照射组基本均为绿色荧光，表明这几组 MDA-MB-231 细胞均未死亡。相比之下，Cs_xWO_3@CRGDK 纳米粒子结合近红外光照射组可以看到明显的红色荧光，表明 MDA-MB-231 细胞出现较大量的死亡，并且随着光照时间的增加，死亡细胞的区域逐渐增大。由此可以证明，Cs_xWO_3@CRGDK 结合近红外光对 MDA-MB-231 细胞具有显著的杀伤效果。

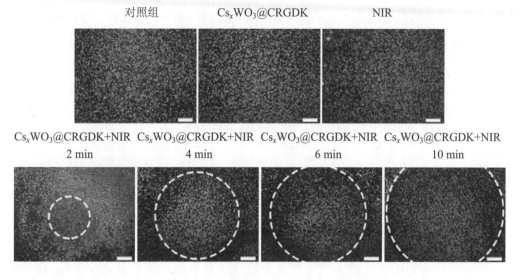

图 6.18　近红外光照射不同时间后 Cs$_x$WO$_3$@CRGDK 对 MDA-MB-231 细胞的
光动力治疗与光热协同治疗的荧光图（标尺：500 μm）

为了区分 PDT 与 PTT 分别起到的治疗效果，本研究同样加入了两组对比实验，分别引入叠氮化钠（NaN$_3$）以移除自由基的 PDT 效果以及置于冰盒而消除 PTT 效果，不同实验组与 MDA-MB-231 细胞共培养 24 h 的细胞存活率测试结果如图 6.19 所示。

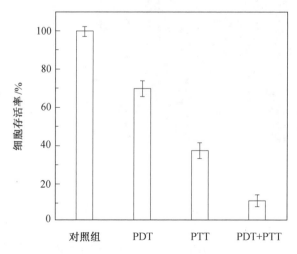

图 6.19　不同实验组与 MDA-MB-231 细胞共培养 24 h 的细胞存活率测试结果

第一组为对照组，第二组为 PDT 组（在治疗的过程中，将其置于冰盒上，使治疗的细胞温度不会超过 20 ℃），第三组为 PTT 组（向其中加入了自由基淬灭剂 NaN₃），第四组为 PDT 结合 PTT 组。在近红外光照射下，PDT 对肿瘤细胞的抑制率为 30.6%，PTT 对肿瘤细胞的抑制率为 63.3%，PDT 结合 PTT 对肿瘤细胞的抑制率为 89.5%。因此，可以说明两种治疗方法对 MDA-MB-231 细胞具有较好的协同治疗效果。

6.8　Cs_xWO_3@CRGDK 体内抗肿瘤的研究

6.8.1　Cs_xWO_3@CRGDK 致小鼠肿瘤内的光热效应

Cs_xWO_3@CRGDK 在体外具有显著的抗肿瘤效果，本研究进一步研究其对 MDA-MB-231 荷瘤小鼠的体内治疗效果。首先检测 Cs_xWO_3@CRGDK 在近红外光照射下小鼠肿瘤表面的升温情况。荷瘤小鼠光热成像图以及致肿瘤温度变化曲线通过近红外成像仪获得，如图 6.20 所示。

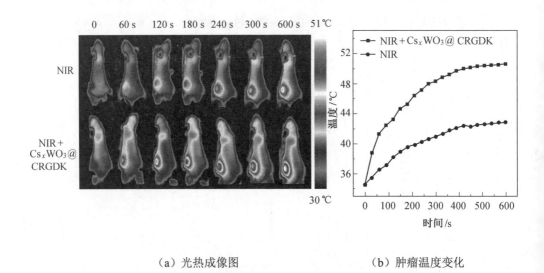

（a）光热成像图　　　　　　　　（b）肿瘤温度变化

图 6.20　不同治疗方式对荷瘤小鼠的光热成像图及其致肿瘤温度变化曲线

依据本研究小鼠的体内荧光成像、PAT 成像以及 CT 成像的结果，选择 Cs_xWO_3@CRGDK 尾静脉注射 3 h 后进行光照治疗。如图 6.20 所示，在近红外光照射下，注射 PBS 组小鼠肿瘤表面的温度在 10 min 内仅升高到 42.9 ℃，而 Cs_xWO_3@CRGDK 经尾静脉注射 3 h 后结合近红外光照射在相同的时间内温度升高到 50.6 ℃，这一温度已经超过了 PTT 中热消融肿瘤所需的温度（48 ℃），表明 Cs_xWO_3@CRGDK 结合近红外光照射可以有效地消融肿瘤组织，导致肿瘤细胞膜被破坏，细胞内物质流出，细胞蛋白质变性、DNA 损伤等一系列变化，最终导致荷瘤小鼠肿瘤细胞完全丧失活性，从而抑制了肿瘤的生长。

6.8.2　Cs_xWO_3@CRGDK 体内抗肿瘤性能的研究

本研究进一步考察 Cs_xWO_3@CRGDK 经尾静脉注射后对肿瘤小鼠的光治疗效果。当荷瘤小鼠的肿瘤体积达到 200 mm^3 左右时，将其随机分为 7 组，每组 5 只小鼠：

（1）对照组。

（2）近红外光照射组。

（3）Cs_xWO_3@CRGDK 处理组。

（4）Cs_xWO_3@CRGDK 结合近红外光照射 5 min 组。

（5）Cs_xWO_3@CRGDK 结合近红外光照射 10 min 组。

（6）Cs_xWO_3@CRGDK 结合 880 nm 近红外激光照射 10 min 组。

（7）Cs_xWO_3@CRGDK 结合 1 064 nm 近红外激光照射 10 min 组。

第 3～7 组均采用尾静脉注射的方式将 200 μL 质量浓度为 1 mg/mL 的 Cs_xWO_3@CRGDK 纳米粒子注射到小鼠体内，所使用的光源功率密度均为 1 W/cm^2，结果如图 6.21 与 6.22 所示。

对照组、近红外光照射组和 Cs_xWO_3@CRGDK 处理组肿瘤增长较快，说明近红外光照射和 Cs_xWO_3@CRGDK 纳米粒子自身无明显抗肿瘤作用。将 Cs_xWO_3@CRGDK 经尾静脉注射 3 h 后，Cs_xWO_3@CRGDK 结合近红外光照射 5 min 具有一定的抗肿瘤效果，肿瘤体积在第一周明显减小，但第二周起，肿瘤继续生长。当将近红外光照时间增加到 10 min 时，其对肿瘤具有显著的抑制作用。

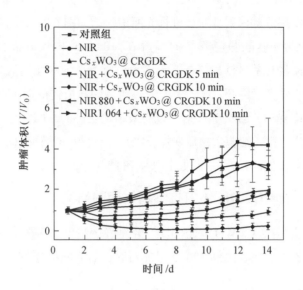

图 6.21　各组小鼠肿瘤体积与治疗不同时间的关系曲线（$n=5$）

　　为了对比近红外光与 880 nm 激光及 1 064 nm 激光治疗效果的区别，本研究增加了 Cs_xWO_3@CRGDK 分别结合 880 nm 激光照射以及 1 064 nm 激光照射 10 min 两个治疗组。在相同功率密度与光照时间下，发现使用近红外光的治疗效果要优于 880 nm 激光与 1 064 nm 激光的效果。从治疗 14 d 后各组小鼠肿瘤的照片可知（图 6.22），在近红外光照射 10 min 后，肿瘤明显小于其他各组，甚至有两个肿瘤已经完全消融。

　　综上所述，可以得出结论：

　　（1）Cs_xWO_3@CRGDK 结合近红外光的 PTT 与 PDT 具有协同效果，治疗时间为 10 min 时就可以达到较理想的肿瘤治疗效果。

　　（2）当功率密度均为 1 W/cm² 时，Cs_xWO_3@CRGDK 结合不同光照对荷瘤小鼠治疗效果的顺序为：近红外光（800～1 300 nm）>1 064 nm 近红外光>880 nm 近红外光。

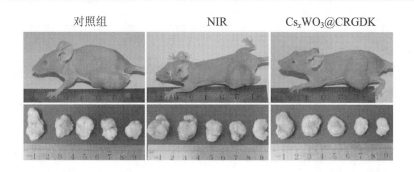

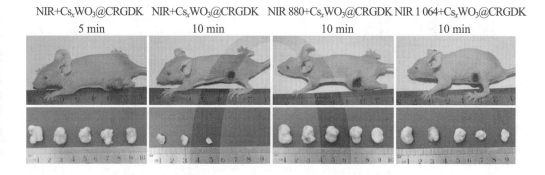

图 6.22　治疗 14 d 后各组小鼠与肿瘤的照片（$n=5$）

为了探究在相同的功率密度下，近红外光（800～1 300 nm）比波长为 1 064 nm 与 880 nm 近红外激光治疗效果显著的原因，本研究通过体外测试模拟 3 种光源对小鼠肿瘤的穿透效果。将小鼠的肌肉组织装入塑料管中，如图 6.23（a）所示，获得的小鼠肌肉组织厚度分别为 0、2 mm、4 mm、6 mm、8 mm 以及 10 mm。使用 3 种光源分别在不同塑料管的一侧照射（功率密度均为 1 W/cm^2），使用功率计在塑料管的另一侧检测，得到不同光源的功率与肌肉组织穿透能力的关系如图 6.23（b）所示，在相同的功率密度下，连续的近红外光（800～1 300 nm）由于包含波长更长的近红外光，其穿透能力强于波长为 880 nm 与 1 064 nm 的近红外光，因此对肿瘤具有更好的治疗效果。

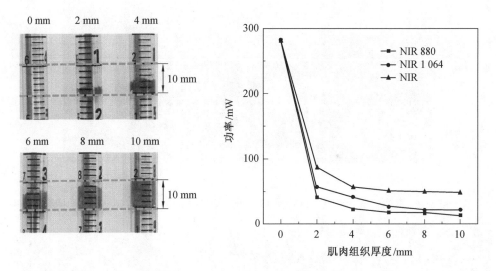

（a）小鼠不同厚度的肌肉组织　　　　（b）不同光源的功率与肌肉组织穿透能力的关系

图 6.23　不同光源对小鼠肌肉组织的穿透能力

在 14 d 的治疗过程中对小鼠的体重进行监测，结果如图 6.24 所示，小鼠的体重基本不受任何影响，表明 $Cs_xWO_3@CRGDK$ 介导的光治疗过程对小鼠无明显的毒性作用。

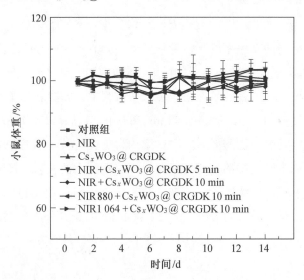

图 6.24　各组小鼠体重与治疗时间的关系曲线（$n=5$）

6.9　Cs$_x$WO$_3$@CRGDK 致小鼠组织病理学、血液毒性及其代谢特征的检测

6.9.1　各组小鼠组织病理学分析

为了进一步检测光治疗对肿瘤的抑制效果与 Cs$_x$WO$_3$@CRGDK 在光治疗过程中的潜在毒性，本研究通过 H&E 染色方法对治疗 14 d 后的小鼠肿瘤和主要脏器（心、肝、脾、肺和肾）进行组织病理学分析，结果如图 6.25 所示。

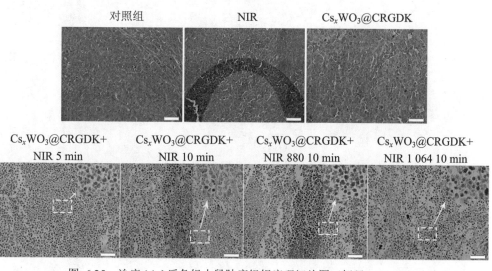

图 6.25　治疗 14 d 后各组小鼠肿瘤组织病理切片图（标尺：50 μm）

对照组、近红外光照射组和 Cs$_x$WO$_3$@CRGDK 处理组的肿瘤组织几乎无损伤，细胞质和细胞核区分显著。在 PDT 与 PTT 结合治疗后，肿瘤细胞受到严重损伤，细胞核浓缩或丢失的肿瘤细胞数量逐渐增多。对比近红外光照射组，光照 10 min 组的肿瘤损伤程度明显高于光照 5 min 组，说明光照时间是决定光治疗效果的决定因素之一；对比近红外光与 880 nm 近红外光以及 1 064 nm 近红外光照射组，在相同的功率密度与照射时间下，近红外光治疗组肿瘤组织损伤程度明显比两个单色光治疗组严重。

经近红外光治疗 14 d 后，小鼠各脏器组织的病理切片图如图 6.26 所示，各脏器组织切片图与对照组相应组织切片图一致，基本无损伤（虽然目前未观察到明显的

损伤，但纳米材料的毒性或许是一个长期慢性过程，因此需要后续进一步的考察），因此初步证明了 $Cs_xWO_3@CRGDK$ 在近红外光治疗过程中对动物组织的安全性。

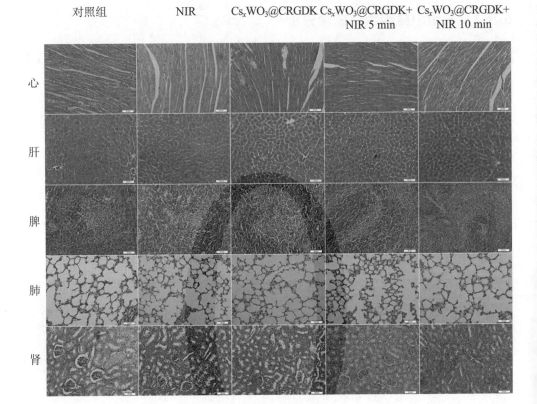

图 6.26　治疗 14 d 后各组小鼠主要脏器组织的病理切片图（标尺：50 μm）

6.9.2　$Cs_xWO_3@CRGDK$ 的体内代谢特征

通过电感耦合等离子体发射光谱（ICP-OES）的方法检测 $Cs_xWO_3@CRGDK$ 纳米粒子钨在小鼠各个脏器内的相对含量，研究该纳米材料在生物体内的代谢特征。该材料在小鼠体内的代谢主要与其体内的网状内皮系统（RES）密切相关。RES 包括血液中的单核细胞以及分布在不同器官中（包括肝、脾、淋巴结等）的巨吞噬细胞。主要的组织驻留巨噬细胞包括肝脏中的库普弗细胞（Kupffer cell）、肺中的肺泡巨噬细胞以及间质结缔组织中的组织细胞等。不同的巨噬细胞群也存在于次级淋巴器官中，包括存在于脾边缘的巨噬细胞以及淋巴结内的包膜下窦性巨噬细胞。这些分布在各个组织中的巨噬细胞当遇到细菌、病毒、异常或老化的细胞以及纳米粒子时会通过吞噬作用或招募体循环中的巨噬细胞将其清除。尾静脉注射 Cs_xWO_3@CRGDK 不同时间后，收集小鼠各个主要器官与肿瘤，用体积为 1 : 9 的过氧化氢和浓硝酸浸泡过夜，多次煮沸至溶液澄清，通过 ICP-OES 测试澄清溶液中钨元素的多化量，测量结果如图 6.27 所示。

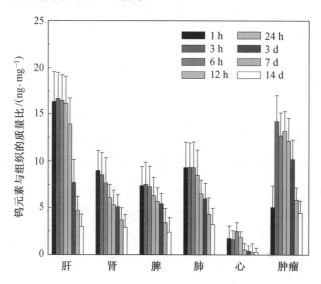

图 6.27　尾静脉注射纳米材料后不同时间钨元素在小鼠各个器官的含量

从图 6.27 可以看出钨元素主要分布在小鼠的肝和肿瘤，其在各个主要器官以及肿瘤中的含量顺序为：肝>肿瘤>肺>脾≈肾>心，并且从注射该纳米材料后 1～14 d，钨元素含量呈减少的趋势，小鼠肝脏的钨元素含量最高是由于 RES 对血液中 Cs_xWO_3@CRGDK 的过滤作用，小鼠肿瘤中的钨元素含量较高说明 Cs_xWO_3@CRGDK 对 MDA-MB-231 肿瘤细胞具有较好的靶向性。通过得到的数据可分析出 Cs_xWO_3@CRGDK 主要通过肝脏进行代谢，据报道，当血液中的纳米粒子流经肝脏时，其流速会减小至原来的 1 000 倍，此外，肝脏部位的血管存在大量的 100～200 nm 的小孔，因此粒径大于 100 nm 的纳米材料尤其易在肝脏聚集。同时，肝脏还含有许多 Kupffer cell，其能快速吞噬大量纳米材料，这些吞噬细胞通过糖酵解而获得能量，从而导致肝脏积累了大量乳酸，因此，吞噬小体内部的 pH 能达到 4 左右，较低的 pH 可使纳米材料发生分解，另外，聚集在肝脏的纳米材料也可以与肝脏的葡萄糖醛酸和硫酸反应而发生分解。Cs_xWO_3@CRGDK 也在肺和脾中有大量分布，其在肺中的分布主要是由于肺泡巨噬细胞的吞噬作用，据文献报道，血液中纳米粒子的存在可以使肺泡巨噬细胞的数量增多，从而导致肺中泡巨噬细胞对纳米粒子的摄取量增加；存在于脾RES 的巨噬细胞对 Cs_xWO_3@CRGDK 也具有较强的吞噬作用，Demoy 等人报道被脾所摄取的纳米粒子主要分布在小鼠脾的红髓区以及白髓的边缘区域，而这些区域恰好是脾巨噬细胞的主要分布区域，被肺和脾的巨噬细胞吞噬的纳米粒子会发生分解而进入血液循环中。

为了考察 Cs_xWO_3@CRGDK 经代谢后能否排出小鼠体外，本研究通过 ICP-OES 的方法检测小鼠尿液中 Cs_xWO_3@CRGDK 中钨元素的含量，结果如图 6.28 所示。在注射 Cs_xWO_3@CRGDK 前的小鼠尿液中未检测出钨元素，经尾静脉注射 12 h 后，钨元素与尿液的质量比为（2.8±0.5）ng/mg，在 14 d 的检测过程中，小鼠尿液中的钨元素含量逐渐减小，由此可以说明 Cs_xWO_3@CRGDK 可经由肾脏代谢而排出小鼠体外。

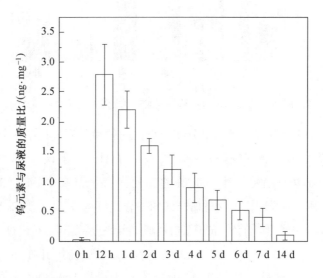

图 6.28 尾静脉注射纳米材料后不同时间钨元素在小鼠尿液中的含量

进一步检测 Cs_xWO_3@CRGDK 在大鼠血液中的代谢情况，注射浓度与小鼠相同（5 mg/kg），注射后不同时间点经尾静脉采血，离心将血液分为上清液和底部沉淀。上清液中钨元素以离子形态存在，沉淀组分用体积比为 1∶9 的过氧化氢和浓硝酸浸泡过夜,多次煮沸至溶液澄清,经 ICP-OES 获得以粒子形式存在的钨元素含量,结果如图 6.29 所示。

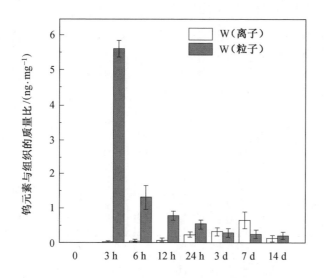

图 6.29 尾静脉注射纳米粒子后不同时间钨元素在大鼠血液中的含量

图 6.29 显示以粒子形式存在于血液中的 $Cs_xWO_3@CRGDK$ 逐渐减少,而以离子状态存在于血液中的钨元素在注射后 7 d 逐渐增多,但随着时间的延长,血液中的钨离子被排出体外,因此注射后第 14 d 钨离子含量比第 7 d 有所降低,由此证明了在血液中 $Cs_xWO_3@CRGDK$ 通过生物体的代谢可以逐渐被排出体外。

6.9.3 小鼠血常规的检测

血液毒性是评价 $Cs_xWO_3@CRGDK$ 能否用于生物体内的一个重要指标。本研究将 100 μL 质量浓度为 2 mg/mL 的 $Cs_xWO_3@CRGDK$ 通过尾静脉注射到小鼠体内,采集注射 $Cs_xWO_3@CRGDK$ 后 0、3 h、6 h、12 h、24 h、3 d、7 d 以及 14 d 小鼠的血液进行检测。如图 6.30 所示,小鼠注射 $Cs_xWO_3@CRGDK$ 后的不同时间与注射前相比,各项血液指标(WBC:白细胞,RBC:红细胞,HGB:血红蛋白,MCV:平均红细胞体积,MCH:平均血红蛋白含量,MCHC:平均血红蛋白浓度,PLT:血小板,HCT:红细胞压积)均无显著差异,并且都处在正常值范围内。因此可以证明 $Cs_xWO_3@CRGDK$ 对小鼠血液无明显毒性。

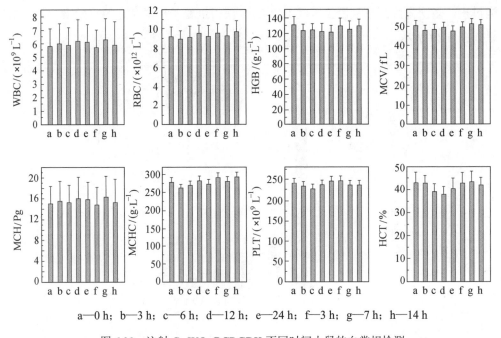

a—0 h；b—3 h；c—6 h；d—12 h；e—24 h；f—3 h；g—7 h；h—14 h

图 6.30　注射 Cs_xWO_3@CRGDK 不同时间小鼠的血常规检测

6.10　本 章 小 结

　　本章利用具有近红外全谱吸收以及 PAT/CT 双重成像能力的 Cs_xWO_3 纳米棒作为多功能诊疗剂，将对 MDA-MB-231 细胞具有靶向性的 CRGDK-FITC 修饰在 M-Cs_xWO_3 表面，研究其对 MDA-MB-231 细胞与 MCF-10A 细胞的摄取能力。此外，针对不同病症或者同一病症的不同时期，利用单一谱段进行光治疗很难达到最佳效果，并且体内在反复受到同一种光照刺激后会产生适应性。因此首次使用波长为 800～1 300 nm 的近红外光进行 PTT/PDT。本章研究了在该近红外光照射下，Cs_xWO_3@CRGDK 的体内抗肿瘤效果，评价其体内的代谢特征以及生物安全性。主要结果如下：

　　（1）Cs_xWO_3@CRGDK 可与 MDA-MB-231 细胞的 Nrp-1 受体特异性结合，相比于非特异性细胞（MCF-10A），其对 MDA-MB-231 细胞的摄取能力更强，通过体内荧光成像、PAT 成像以及 CT 成像进一步证明了其对 MDA-MB-231 荷瘤小鼠肿瘤优异的靶向能力。

（2）使用波长为 800～1 300 nm 的近红外光结合 Cs_xWO_3@CRGDK 照射荷瘤小鼠肿瘤表面，发现通过 PTT/PDT 可以有效地消融和抑制肿瘤，在相同的功率密度下，其对肿瘤的治疗效果优于 880 nm 和 1 064 nm 单波长近红外激光。

（3）通过对治疗后小鼠各个脏器的组织切片分析以及注射 Cs_xWO_3@CRGDK 后不同时间的血液检测证明了 Cs_xWO_3@CRGDK 具有较高的生物体内安全性，此外，通过各个脏器以及血液中钨的元素含量的分析，进一步证明了 Cs_xWO_3@CRGDK 优异的靶向性以及主要通过肾脏代谢排出体外。

第 7 章 结 论

肿瘤的精准诊疗是生物医学领域的难点与研究热点，纳米诊疗剂能够将诊断与治疗融为一体，为肿瘤早期诊断与精准治疗提供了一个全新的多功能诊治平台。本书提出了使用单一组分材料实现多重功能的全新概念，以 Cs_xWO_3 纳米粒子为基础材料，充分发挥其优异的局部表面等离子体共振（LSPR）效应、对 X 射线较强的衰减能力以及在波长为 650～1 350 nm 的近红外区具有全波谱吸收的性质，通过层层自组装或交联技术对其进行修饰与包裹，得到了一系列集肿瘤多功能成像与 PTT/PDT 与一体的纳米诊疗剂。研究得出的主要结论如下：

（1）通过优化反应条件，包括：调节溶剂组成、反应温度、反应介质的种类、Cs/W 摩尔比以及水的引入方式，探究合成 Cs_xWO_3 纳米粒子的最佳条件。经过对比各个实验组的透射电子显微镜、X 射线衍射以及紫外-可见-近红外吸收光谱等检测结果，得出反应溶剂采用乙醇，80%体积的乙醇与20%体积的乙酸，反应温度为 230 ℃，Cs/W 摩尔比为 1∶2，且以缓释引入水分子的方法，是合成 Cs_xWO_3 纳米粒子的最佳条件，该方法所合成的 Cs_xWO_3 纳米粒子形貌与性能最佳。

（2）采用层层自组装的方法，合成了聚电解质修饰的 Cs_xWO_3 纳米粒子（M-Cs_xWO_3）。M-Cs_xWO_3 在波长为 650～1 300 nm 近红外光区具有全波谱吸收，可以实现"第一生物窗口"与"第二生物窗口"双窗口 PTT/PDT。研究表明 M-Cs_xWO_3 不仅具有优于商业 CT 成像剂碘海醇的成像效果，并且具有优异的 PAT 成像性能。体内治疗数据表明在 PTT/PDT 协同治疗下肿瘤几乎全部消融，并且治疗后小鼠主要脏器未发现明显的损伤，证明了 M-Cs_xWO_3 良好的光治疗效果与生物相容性。

（3）利用 PFC 无毒并且可携带氧的特性，合成了全氟-15-冠-5-醚（PFC）包裹的 Cs_xWO_3（Cs_xWO_3@PFC）。Cs_xWO_3@PFC 能够实现氧气的负载与释放，大大提高肿瘤细胞中氧的含量，从而显著提高了经化学诱导实体瘤的 PDT 效果。通过瘤内

注射 $Cs_xWO_3@PFC@O_2$，结合"第二生物窗口"近红外光可以实现对胰腺肿瘤的 PTT 与增强的 PDT。

（4）利用 CRGDK 能特异性结合乳腺癌细胞（MDA-MB-231）过表达 Nrp-1 受体的特性，将 CRGDK-FITC 修饰到 Cs_xWO_3 纳米粒子表面形成 $Cs_xWO_3@CRGDK$。通过体内荧光成像、CT 成像以及 PAT 成像证明了 $Cs_xWO_3@CRGDK$ 对 MDA-MB-231 肿瘤细胞的靶向能力，并确定了最佳的光治疗时间。使用波长为 800～1 300 nm 的近红外光进行 PTT/PDT 协同治疗，发现在相同的功率密度下，近红外光对 MDA-MB-231 肿瘤的治疗效果分别优于 880 nm 和 1 064 nm 单波长近红外激光。通过对治疗后小鼠各个脏器的组织切片分析以及注射该纳米材料后不同时间的血液检测证明了该纳米材料具有较好的生物体内安全性。

本书研究内容的主要创新点为：

（1）通过将聚电解质修饰到 Cs_xWO_3 纳米粒子表面，有效地解决了 Cs_xWO_3 纳米粒子稳定性差的问题，实现了 PAT 成像与 CT 成像介导的双生物窗口的 PTT/PDT 协同治疗的功能。

（2）设计并制备了 PFC 包裹的 Cs_xWO_3 纳米粒子，可将大量的氧携带入肿瘤细胞，有效地提高了 Cs_xWO_3 纳米粒子的 PDT 效果。

（3）将近红外光（800～1 300 nm）应用到肿瘤的 PTT/PDT 协同治疗研究，揭示了相同的功率密度下，近红外光对肿瘤的治疗效果分别优于 880 nm 和 1 064 nm 单波长近红外激光。

综合总结本书的研究工作，还应当在如下方面做进一步的深入研究：

（1）寻找新型靶向分子与靶向机制，并将其应用于多功能诊疗体系中，以实现对不同恶性肿瘤的靶向治疗。

（2）采用更系统的方法检测纳米材料在机体内的各主要器官的代谢机制，为以后潜在的临床应用提供基础实验数据。

（3）可将系列不同的铯钨青铜纳米粒子整合并应用于多模式诊疗一体化研究，如用于临床，重点考察其生物安全性问题。

参 考 文 献

[1] NAKANISHI T, FUKUSHIMA S, OKAMOTO K, et al. Development of the polymer micelle carrier system for doxorubicin[J]. Journal of Controlled Release, 2001, 74(1-3): 295-302.

[2] 王在智, 苗喜顺, 黄志翔, 等. 手术治疗法配合定位放疗和局部化疗对老年口腔颌面部肿瘤的临床效果[J]. 临床医学, 2016, 2(36): 97-98.

[3] VIJAYARAGHAVAN P, LIU C H, VANKAYALA R, et al. Designing multi-branched gold nanoechinus for NIR light activated dual modal photodynamic and photothermal therapy in the second biological window[J]. Advanced Materials, 2014, 26(39): 6689-6695.

[4] LAL S, CLARE S E, HALAS N J. Nanoshell-enabled photothermal cancer therapy: impending clinical impact[J]. Accounts of Chemical Research, 2008, 41(12): 1842-1851.

[5] BARDHAN R, LAL S, JOSHI A, et al. Theranostic nanoshells: from probe design to imaging and treatment of cancer[J]. Accounts of Chemical Research, 2011, 44(10): 936-946.

[6] PENG J J, ZHAO L Z, ZHU X J, et al. Hollow silica nanoparticles loaded with hydrophobic phthalocyanine for near-infrared photodynamic and photothermal combination therapy[J]. Biomaterials, 2013, 34(32): 7905-7912.

[7] SAXENA V, SADOQI M, SHAO J. Degradation kinetics of indocyanine green in aqueous solution[J]. Journal of Pharmaceutical Sciences, 2003, 92(10): 2090-2097.

[8] KUO W S, CHANG Y T, CHO K C, et al. Gold nanomaterials conjugated with indocyanine green for dual-modality photodynamic and photothermal therapy[J]. Biomaterials, 2012, 33(11): 3270-3278.

[9] LOVELL J F, JIN C S, HUYNH E, et al. Enzymatic regioselection for the synthesis and BIODEGRADATION of porphysome nanovesicles[J]. Angewandte Chemie International Edition, 2012, 51(10): 2429-2433.

[10] HUANG P, XU C, LIN J, et al. Folic acid-conjugated graphene oxide loaded with photosensitizers for targeting photodynamic therapy[J]. Theranostics, 2011, 1: 240-250.

[11] WANG S J, HUANG P, NIE L M, et al. Single continuous wave laser induced photodynamic/plasmonic photothermal therapy using photosensitizer-functionalized gold nanostars[J]. Advanced Materials, 2013, 25(22): 3055-3061.

[12] JANG B, PARK J Y, TUNG C H, et al. Gold nanorod-photosensitizer complex for near-infrared fluorescence imaging and photodynamic/photothermal therapy in vivo[J]. ACS Nano, 2011, 5(2): 1086-1094.

[13] WANG J, ZHU G Z, YOU M X, et al. Assembly of aptamer switch probes and photosensitizer on gold nanorods for targeted photothermal and photodynamic cancer therapy[J]. ACS Nano, 2012, 6(6): 5070-5077.

[14] GAO L, FEI J B, ZHAO J, et al. Hypocrellin-loaded gold nanocages with high two-photon efficiency for photothermal/photodynamic cancer therapy in vitro[J]. ACS Nano, 2012, 6(9): 8030-8040.

[15] LIN J, WANG S J, HUANG P, et al. Photosensitizer-loaded gold vesicles with strong plasmonic coupling effect for imaging-guided photothermal/photodynamic therapy[J]. ACS Nano, 2013, 7(6): 5320-5329.

[16] WANG B K, YU X F, WANG J H, et al. Gold-nanorods-siRNA nanoplex for improved photothermal therapy by gene silencing[J]. Biomaterials, 2016, 78: 27-39.

[17] WANG D D, GUO Z, ZHOU J J, et al. Novel $Mn_3[Co(CN)_6]_2@SiO_2@Ag$ core-shell nanocube: enhanced two-photon fluorescence and magnetic resonance dual-modal imaging-guided photothermal and chemo-therapy[J]. Small, 2015, 11(44): 5956-5967.

[18] YANG H W, LIU H L, LI M L, et al. Magnetic gold-nanorod/PNIPAAmMA nanoparticles for dual magnetic resonance and photoacoustic imaging and targeted

photothermal therapy[J]. Biomaterials, 2013, 34(22): 5651-5660.

[19] GONG H, DONG Z L, LIU Y M, et al. Engineering of multifunctional nano-micelles for combined photothermal and photodynamic therapy under the guidance of multimodal imaging[J]. Advanced Functional Materials, 2014, 24(41): 6492-6502.

[20] LIN L S, CONG Z X, CAO J B, et al. Multifunctional Fe_3O_4@polydopamine core-shell nanocomposites for intracellular mRNA detection and imaging-guided photothermal therapy[J]. ACS Nano, 2014, 8(4): 3876-3883.

[21] YANG Y, ZHANG J J, XIA F F, et al. Human CIK cells loaded with Au nanorods as a theranostic platform for targeted photoacoustic imaging and enhanced immunotherapy and photothermal therapy[J]. Nanoscale Research Letters, 2016, 11(1): 285.

[22] ZHOU M, ZHANG R, HUANG M A, et al. A chelator-free multifunctional [^{64}Cu]CuS nanoparticle platform for simultaneous micro-PET/CT imaging and photothermal ablation therapy[J]. Journal of the American Chemical Society, 2010, 132(43): 15351-15358.

[23] ZHOU M, ZHAO J, TIAN M, et al. Radio-photothermal therapy mediated by a single compartment nanoplatform depletes tumor initiating cells and reduces lung metastasis in the orthotopic 4T1 breast tumor model[J]. Nanoscale, 2015, 7(46): 19438-19447.

[24] KIM Y K, NA H K, KIM S, et al. One-pot synthesis of multifunctional Au@graphene oxide nanocolloid core@shell nanoparticles for raman bbioimaging, photothermal, and photodynamic therapy[J]. Small, 2015, 11(21): 2527-2535.

[25] WANG X J, Wang C, CHENG L, et al. Noble metal coated single-walled carbon nanotubes for applications in surface enhanced raman scattering imaging and photothermal therapy[J]. Journal of the American Chemical Society, 2012, 134(17): 7414-7422.

[26] ZENG L Y, PAN Y W, WANG S J, et al. Raman reporter-coupled Ag_{core}@Au_{shell} nanostars for in vivo improved surface enhanced raman scattering imaging and

near-infrared-triggered photothermal therapy in breast cancers[J]. ACS Applied Materials & Interfaces, 2015, 7(30): 16781-16791.

[27] DING X G, LIOW C H, ZHANG M X, et al. Surface plasmon resonance enhanced light absorption and photothermal therapy in the second near-infrared window[J]. Journal of the American Chemical Society, 2014, 136(44): 15684-15693.

[28] LV R C, ZHONG C N, LI R M, et al. Multifunctional anticancer platform for multimodal imaging and visible light driven photodynamic/photothermal therapy[J]. Chemistry of Materials, 2015, 27(5): 1751-1763.

[29] TIAN Y, LUO S, YAN H J, et al. Gold nanostars functionalized with amine-terminated PEG for X-ray/CT imaging and photothermal therapy[J]. Journal of Materials Chemistry B, 2015, 3(21): 4330-4337.

[30] CHENG L, SHEN S D, SHI S X, et al. FeSe$_2$-decorated Bi$_2$Se$_3$ nanosheets fabricated via cation exchange for chelator-free ^{64}Cu-labeling and multimodal image-guided photothermal-radiation therapy[J]. Advanced Functional Materials, 2016, 26(13): 2185-2197.

[31] HUANG P, LIN J, LI W W, et al. Biodegradable gold nanovesicles with an ultrastrong plasmonic coupling effect for photoacoustic imaging and photothermal therapy[J]. Angewandte Chemie International Edition, 2013, 52(52): 13958-13964.

[32] SONG J B, YANG X Y, JACOBSON O, et al. Sequential drug release and enhanced photothermal and photoacoustic effect of hybrid reduced graphene oxide-loaded ultrasmall gold nanorod vesicles for cancer therapy[J]. ACS Nano, 2015, 9(9): 9199-9209.

[33] AULETTA L, GRAMANZINI M, GARGIULO S, et al. Advances in multimodal molecular imaging[J]. Quarterly Journal of Nuclear Medicine and Molecular Imaging, 2017, 61(1): 19-32.

[34] DUAN S, YANG Y J, ZHANG C L, et al. NIR-responsive polycationic gatekeeper-cloaked hetero-nanoparticles for multimodal imaging-guided triple-combination therapy of cancer[J]. Small, 2017, 13(9): 1603133.

[35] TIAN Y, ZHANG Y L, TENG Z G, et al. PH-dependent transmembrane activity of

peptide-functionalized gold nanostars for computed tomography/photoacoustic imaging and photothermal therapy[J]. ACS Applied Materials & Interfaces, 2017, 9(3): 2114-2122.

[36] YANG Y, WU H X, SHI B Z, et al. Hydrophilic Cu_3BiS_3 nanoparticles for computed tomography imaging and photothermal therapy[J]. Particle & Particle Systems Characterization, 2015, 32(6): 668-679.

[37] LI A, LI X, YU X J, et al. Synergistic thermoradiotherapy based on PEGylated Cu_3BiS_3 ternary semiconductor nanorods with strong absorption in the second near-infrared window[J]. Biomaterials, 2017, 112: 164-175.

[38] LIU X, ZHANG X, ZHU M, et al. PEGylated Au@Pt nanodendrites as novel theranostic agents for computed tomography imaging and photothermal/radiation synergistic therapy[J]. ACS Applied Materials & Interfaces, 2017, 9(1): 279-285.

[39] LAPA C, SCHREDER M, SCHIRBEL A, et al. [68Ga] pentixafor-PET/CT for imaging of chemokine receptor CXCR4 expression in multiple myeloma-comparison to [18F] FDG and laboratory values[J]. Theranostics, 2017, 7(1): 205-212.

[40] LI X, XING L X, ZHENG K L, et al. Formation of gold nanostar-coated hollow mesoporous silica for tumor multimodality imaging and photothermal therapy[J]. ACS Applied Materials & Interfaces, 2017, 9(7): 5817-5827.

[41] KHANDHAR A P, KESELMAN P, KEMP S J, et al. Evaluation of PEG-coated iron oxide nanoparticles as blood pool tracers for preclinical magnetic particle imaging[J]. Nanoscale, 2017, 9(3): 1299-1306.

[42] DEKRAFFT K E, XIE Z G, CAO G H, et al. Iodinated nanoscale coordination polymers as potential contrast agents for computed tomography[J]. Angewandte Chemie International Edition, 2009, 48(52): 9901-9904.

[43] AI K L, LIU Y L, LIU J H, et al. Large-scale synthesis of Bi_2S_3 nanodots as a contrast agent for in vivo X-ray computed tomography imaging[J]. Advanced Materials, 2011, 23(42): 4886-4891.

[44] LIU J H, HAN J G, KANG Z C, et al. In vivo near-infrared photothermal therapy

and computed tomography imaging of cancer cells using novel tungsten-based theranostic probe[J]. Nanoscale, 2014, 6(11): 5770-5776.

[45] LIANG X L, LI Y Y, LI X D, et al. PEGylated polypyrrole nanoparticles conjugating gadolinium chelates for dual-modal MRI/photoacoustic imaging guided photothermal therapy of cancer[J]. Advanced Functional Materials, 2015, 25(9): 1451-1462.

[46] WANG L H, PILE D. Sound success[J]. Nature Photonics, 2011, 5(3): 183-183.

[47] VANKAYALA R, KUO C L, SAGADEVAN A, et al. Morphology dependent photosensitization and formation of singlet oxygen ($^1\Delta_g$) by gold and silver nanoparticles and its application in cancer treatment[J]. Journal of Materials Chemistry B, 2013, 1(35): 4379-4387.

[48] VANKAYALA R, SAGADEVAN A, VIJAYARAGHAVAN P, et al. Metal nanoparticles sensitize the formation of singlet oxygen[J]. Angewandte Chemie International Edition, 2011, 50(45): 10640-10644.

[49] PASPARAKIS G. Light-induced generation of singlet oxygen by naked gold nanoparticles and its implications to cancer cell phototherapy[J]. Small, 2013, 9(24): 4130-4134.

[50] SAHU A, CHOI W I, LEE J H, et al. Graphene oxide mediated delivery of methylene blue for combined photodynamic and photothermal therapy[J]. Biomaterials, 2013, 34(26): 6239-6248.

[51] KIM J Y, CHOI W I, KIM M, et al. Tumor-targeting nanogel that can function independently for both photodynamic and photothermal therapy and its synergy from the procedure of PDT followed by PTT[J]. Journal of Controlled Release, 2013, 171(2): 113-121.

[52] AVRIN D E, MACOVSKI A, ZATZ L E. Clinical application of compton and photo-electric reconstruction in computed tomography: preliminary results[J]. Investigative Radiology, 1978, 13(3): 217-222.

[53] JOHNSON T R, KRAUSS B, SEDLMAIR M, et al. Material differentiation by dual energy CT: initial experience[J]. European Radiology, 2007, 17(6): 1510-1517.

[54] UCHIYAMA Y, KATSURAGAWA S, ABE H, et al. Quantitative computerized analysis of diffuse lung disease in high-resolution computed tomography[J]. Medical Physics, 2003, 30(9): 2440-2454.

[55] BLUEMKE D A, SOYER P, FISHMAN E K. Helical (spiral) CT of the liver[J]. Radiologic Clinics of North America, 1995, 33(5): 863-886.

[56] KEMMERER S R, MORTELE K J, ROS P R. CT scan of the liver[J]. Radiologic Clinics of North America, 1998, 36(2): 247-261.

[57] YU S B, WATSON A D. Metal-based X-ray contrast media[J]. Chemical Reviews, 1999, 99(9): 2353-2377.

[58] LEE N, CHOI S H, HYEON T. Nano-sized CT contrast agents[J]. Advanced Materials, 2013, 25(19): 2641-2660.

[59] BURKE S J, ANNAPRAGADA A, HOFFMAN E A, et al. Imaging of pulmonary embolism and t-PA therapy effects using MDCT and liposomal Iohexol blood pool agent: preliminary results in a rabbit model[J]. Academic Radiology, 2007, 14(3): 355-362.

[60] DE VRIES A, CUSTERS E, LUB J, et al. Block-copolymer-stabilized iodinated emulsions for use as CT contrast agents[J]. Biomaterials, 2010, 31(25): 6537-6544.

[61] WEI P, CHEN J W, HU Y, et al. Dendrimer-stabilized gold nanostars as a multifunctional theranostic nanoplatform for CT imaging, photothermal therapy, and gene silencing of tumors[J]. Advanced Healthcare Materials, 2016, 5(24): 3203-3213.

[62] FITZGERALD P F, BUTTS M D, ROBERTS J C, et al. A proposed computed tomography contrast agent using carboxybetaine zwitterionic tantalum oxide nanoparticles imaging, biological, and physicochemical performance[J]. Investigative Radiology, 2016, 51(12): 786-796.

[63] PLAUTZ T E, BASHKIROV V, GIACOMETTI V, et al. An evaluation of spatial resolution of a prototype proton CT scanner[J]. Medical Physics, 2016, 43(12): 6291-6300.

[64] WEN S W, EVERITT S J, BEDO J, et al. Spleen volume variation in patients with

locally advanced non-small cell lung cancer receiving platinum-based chemo-radiotherapy[J]. Plos One, 2015, 10(11): e0142608.

[65] LEI P P, ZHANG P, YUAN Q H, et al. Yb^{3+}/Er^{3+}-codoped Bi_2O_3 nanospheres: probe for upconversion luminescence imaging and binary contrast agent for computed tomography imaging[J]. ACS Applied Materials & Interfaces, 2015, 7(47): 26346-26354.

[66] MA D D, MENG L J, CHEN Y Z, et al. $NaGdF_4$:Yb^{3+}/Er^{3+} @$NaGdF_4$:Nd^{3+}@sodium-gluconate: multifunctional and biocompatible ultrasmall core-shell nanohybrids for UCL/MR/CT multimodal imaging[J]. ACS Applied Materials & Interfaces, 2015, 7(30): 16257-16265.

[67] OH M H, LEE N, KIM H, et al. Large-scale synthesis of bioinert tantalum oxide nanoparticles for X-ray computed tomography imaging and bimodal image-guided sentinel lymph node mapping[J]. Journal of the American Chemical Society, 2011, 133(14): 5508-5515.

[68] KINSELLA J M, JIMENEZ R E, KARMALI P P, et al. X-ray computed tomography imaging of breast cancer by using targeted peptide-labeled bismuth sulfide nanoparticles[J]. Angewandte Chemie International Edition, 2011, 50(51): 12308-12311.

[69] BEARD P. Biomedical photoacoustic imaging[J]. Interface Focus, 2011, 1(4): 602-631.

[70] 谷怀民, 杨思华, 向良忠. 光声成像及其在生物医学中的应用[J]. 生物化学与生物物理进展, 2006, 33(5): 431-437.

[71] SONG C Q, YANG C Y, WANG F, et al. MoS_2-based multipurpose theranostic nanoplatform: realizing dual-imaging-guided combination phototherapy to eliminate solid tumor via a liquefaction necrosis process[J]. Journal of Materials Chemistry B, 2017, 5(45): 9015-9024.

[72] GUO W, WANG F, DING D D, et al. TiO_{2-x} based nanoplatform for bimodal cancer imaging and NIR-triggered chem/photodynamic/photothermal combination therapy[J]. Chemistry of Materials, 2017, 29(21): 9262-9274.

[73] WANG X, JI Z, YANG S H, et al. Morphological-adaptive photoacoustic tomography with flexible transducer and flexible orientation light[J]. Optics Letters, 2017, 42(21): 4486-4489.

[74] DU J F, ZHANG X, YAN L, et al. Functional tumor imaging based on inorganic nanomaterials[J]. Science China Chemistry, 2017, 60(11): 1425-1438.

[75] KIM G, HUANG S W, DAY K C, et al. Indocyanine-green-embedded PEBBLEs as a contrast agent for photoacoustic imaging[J]. Journal of Biomedical Optics, 2007, 12(4): 044020.

[76] BHATTACHARYYA S, WANG S, REINECKE D, et al. Synthesis and evaluation of near-infrared (NIR) dye-herceptin conjugates as photoacoustic computed tomography (PCT) probes for HER2 expression in breast cancer[J]. Bioconjugate Chemistry, 2008, 19(6): 1186-1193.

[77] JAIN P K, LEE K S, EL-SAYED I H, et al. Calculated absorption and scattering properties of gold nanoparticles of different size, shape, and composition: applications in biological imaging and biomedicine[J]. Journal of Physical Chemistry B, 2006, 110(14): 7238-7248.

[78] KU G, ZHOU M, SONG S L, et al. Copper sulfide nanoparticles as a new class of photoacoustic contrast agent for deep tissue imaging at 1064 nm[J]. ACS Nano, 2012, 6(8): 7489-7496.

[79] ZHA Z B, DENG Z J, LI Y Y, et al. Biocompatible polypyrrole nanoparticles as a novel organic photoacoustic contrast agent for deep tissue imaging[J]. Nanoscale, 2013, 5(10): 4462-4467.

[80] XI L, GROBMYER S R, ZHOU G, et al. Molecular photoacoustic tomography of breast cancer using receptor targeted magnetic iron oxide nanoparticles as contrast agents[J]. Journal of Biophotonics, 2014, 7(6): 401-409.

[81] 侯宗来, 钱道芝, 温长慧, 等. 磁共振评价躯体病变的定位研究与应用[J]. 中国组织工程研究, 2012, 16(48): 9101-9108.

[82] HO A M, KALANTARI B N. PET/MRI: A new frontier in breast cancer imaging[J]. Breast Journal, 2016, 22(3): 261-263.

[83] LIN J, WANG M, HU H, et al. Multimodal-imaging-guided cancer phototherapy by versatile biomimetic theranostics with UV and γ-irradiation protection[J]. Advanced Materials, 2016, 28(17): 3273-3279.

[84] LIN J, CHEN X, HUANG P. Graphene-based nanomaterials for bioimaging[J]. Advanced Drug Delivery Reviews, 2016, 105: 242-254.

[85] CHENG F. Characterization of aqueous dispersions of Fe_3O_4 nanoparticles and their biomedical applications[J]. Biomaterials, 2005, 26(7): 729-738.

[86] SHIN J, ANISUR R M, KO M K, et al. Hollow manganese oxide nanoparticles as multifunctional agents for magnetic resonance imaging and drug delivery[J]. Angewandte Chemie International Edition, 2009, 48(2): 321-324.

[87] BRIDOT J L, FAURE A C, LAURENT S, et al. Hybrid gadolinium oxide nanoparticles: multimodal contrast agents for in vivo imaging[J]. Journal of the American Chemical Society, 2007, 129(16): 5076-5084.

[88] BOCKISCH A, BEYER T, ANTOCH G, et al. Principles of PET/CT and clinical application[J]. Radiologe, 2004, 44(11): 1045-1054.

[89] PROVENZALE J M. Introduction to the AJR technology forum: issues, controversies & utility of PET/CT imaging[J]. American Journal of Roentgenology, 2005, 184(5): Sii.

[90] IKAWA M, LOHITH T G, SHRESTHA S, et al. ^{11}C-ER176, a radioligand for 18-kDa translocator protein, has adequate sensitivity to robustly image all three affinity genotypes in human brain[J]. Journal of Nuclear Medicine, 2017, 58(2): 320-325.

[91] OSBORNE M T, HULTEN E A, MURTHY V L, et al. Patient preparation for cardiac fluorine-18 fluorodeoxyglucose positron emission tomography imaging of inflammation[J]. Journal of Nuclear Cardiology, 2017, 24(1): 86-99.

[92] EVANGELISTA L, FANTI S, PICCHIO M. New clinical indications for ^{18}F/^{11}C-choline, new tracers for positron emission tomography and a promising hybrid device for prostate cancer staging: a systematic review of the literature reply[J]. European Urology, 2016, 70(4): E114-E115.

[93] KEU K V, WITNEY T H, YAGHOUBI S, et al. Reporter gene imaging of targeted T cell immunotherapy in recurrent glioma[J]. Science Translational Medicine, 2017, 9(373): 2196-2203.

[94] SCHWENCK J, REMPP H, REISCHL G, et al. Comparison of ^{68}Ga-labelled PSMA-11 and ^{11}C-choline in the detection of prostate cancer metastases by PET/CT[J]. European Journal of Nuclear Medicine and Molecular Imaging, 2017, 44(1): 92-101.

[95] EIBER M, WEIRICH G, HOLZAPFEL K, et al. Simultaneous ^{68}Ga-PSMA HBED-CC PET/MRI improves the localization of primary prostate cancer[J]. European Urology, 2016, 70(5): 829-836.

[96] ALBERT N L, WELLER M, SUCHORSKA B, et al. Response assessment in neuro-oncology working group and european association for neuro-oncology recommendations for the clinical use of PET imaging in gliomas[J]. Neuro-Oncology, 2016, 18(9): 1199-1208.

[97] SCHWARZ A J, YU P, MILLER B B, et al. Regional profiles of the candidate tau PET ligand ^{18}F-AV-1451 recapitulate key features of braak histopathological stages[J]. Brain, 2016, 139(5): 1539-1550.

[98] JIN H, YANG H, LIU H, et al. A promising carbon-11-labeled sphingosine-1-phosphate receptor 1-specific PET tracer for imaging vascular injury[J]. Journal of Nuclear Cardiology, 2017, 24(2): 558-570.

[99] GIESEL F L, HADASCHIK B, CARDINALE J, et al. F-18 labelled PSMA-1007: biodistribution, radiation dosimetry and histopathological validation of tumor lesions in prostate cancer patients[J]. European Journal of Nuclear Medicine and Molecular Imaging, 2017, 44(4): 678-688.

[100] AHMADZADEHFAR H, AZGOMI K, HAUSER S, et al. ^{68}Ga-PSMA-11 PET as a gatekeeper for the treatment of metastatic prostate cancer with [223]Ra: proof of concept[J]. Journal of Nuclear Medicine, 2017, 58(3): 438-444.

[101] O'CONNOR J P B, ABOAGYE E O, ADAMS J E, et al. Imaging biomarker roadmap for cancer studies[J]. Nature Reviews Clinical Oncology, 2017, 14(3):

169-186.

[102] HOPE T A, TRUILLET C, EHMAN E C, et al. ^{68}Ga-PSMA-11 PET imaging of response to androgen receptor inhibition: first human experience[J]. Journal of Nuclear Medicine, 2017, 58(1): 81-84.

[103] ÖRLEFORS H, SUNDIN A, ERIKSSON B, et al. PET-guided surgery-high correlation between positron emission tomography with ^{11}C-5-hydroxytryptophane (5-HTP) and surgical findings in abdominal neuroendocrine tumours[J]. Cancers, 2012, 4(4): 100-112.

[104] GOULD M K, MACLEAN C C, KUSCHNER W G, et al. Accuracy of positron emission tomography for diagnosis of pulmonary nodules and mass lesions: a meta-analysis[J]. JAMA-Journal of the American Medical Association, 2001, 285(7): 914-924.

[105] SUN X L, HUANG X L, YAN X F, et al. Chelator-free ^{64}Cu-integrated gold nanomaterials for positron emission tomography imaging guided photothermal cancer therapy[J]. ACS Nano, 2014, 8(8): 8438-8446.

[106] LIU T, SHI S X, LIANG C, et al. Iron oxide decorated MoS_2 nanosheets with double PEGylation for chelator-free radio labeling and multimodal imaging guided photothermal therapy[J]. ACS Nano, 2015, 9(1): 950-960.

[107] WANG C, TAO H, CHENG L, et al. Near-infrared light induced in vivo photodynamic therapy of cancer based on upconversion nanoparticles[J]. Biomaterials, 2011, 32(26): 6145-6154.

[108] CHEN W R, ADAMS R L, HEATON S, et al. Chromophore-enhanced laser-tumor tissue photothermal interaction using an 808-nm diode laser[J]. Cancer Letters, 1995, 88(1): 15-19.

[109] CHUANG Y C, LIN C J, LO S F, et al. Dual functional AuNRs@MnMEIOs nanoclusters for magnetic resonance imaging and photothermal therapy[J]. Biomaterials, 2014, 35(16): 4678-4687.

[110] BABAN D F, SEYMOUR L W. Control of tumour vascular permeability[J]. Advanced Drug Delivery Reviews, 1998, 34(1): 109-119.

[111] HOBBS S K, MONSKY W L, YUAN F, et al. Regulation of transport PATHWAYS in tumor vessels: role of tumor type and microenvironment[J]. Proceedings of the National Academy of Sciences of the United States of America, 1998, 95(8): 4607-4612.

[112] YUAN F, DELLIAN M, FUKUMURA D, et al. Vascular-permeability in a human tumor xenograft-molecular-size dependence and cutoff size[J]. Cancer Research, 1995, 55(17): 3752-3756.

[113] MATSUMURA Y, MAEDA H. A new concept for macromolecular therapeutics in cancer-chemotherapy-mechanism of tumoritropic accumulation of proteins and the antitumor agent smancs[J]. Cancer Research, 1986, 46(12): 6387-6392.

[114] SMITH A M, MANCINI M C, NIE S. Bioimaging: second window for in vivo imaging[J]. Nature Nanotechnology, 2009, 4(11): 710-711.

[115] GAO X H, CUI Y Y, LEVENSON R M, et al. In vivo cancer targeting and imaging with semiconductor quantum dots[J]. Nature Biotechnology, 2004, 22(8): 969-976.

[116] CHEN J, GLAUS C, LAFOREST R, et al. Gold nanocages as photothermal transducers for cancer treatment[J]. Small, 2010, 6(7): 811-817.

[117] MANIKANDAN M, HASAN N, WU H F. Platinum nanoparticles for the photothermal treatment of neuro 2A cancer cells[J]. Biomaterials, 2013, 34(23): 5833-5842.

[118] THOMPSON E A, GRAHAM E, MACNEILL C M, et al. Differential response of MCF7, MDA-MB-231, and MCF 10A cells to hyperthermia, silver nanoparticles and silver nanoparticle-induced photothermal therapy[J]. International Journal of Hyperthermia, 2014, 30(5): 312-323.

[119] SONG X, GONG H, YIN S, et al. Ultra-small iron oxide doped polypyrrole nanoparticles for in vivo multimodal imaging guided photothermal therapy[J]. Advanced Functional Materials, 2014, 24(9): 1194-1201.

[120] LIN L S, CONG Z X, CAO J B, et al. Multifunctional Fe_3O_4@polydopamine core-shell nanocomposites for intracellular mRNA detection and imaging-guided photothermal therapy[J]. ACS Nano, 2014, 8(4): 3876-3883.

[121] DENG K, HOU Z, DENG X, et al. Enhanced antitumor efficacy by 808 nm laser-induced synergistic photothermal and photodynamic therapy based on a indocyanine-green-attached $W_{18}O_{49}$ nanostructure[J]. Advanced Functional Materials, 2015, 25(47): 7280-7290.

[122] ZHANG S, SUN C, ZENG J, et al. Ambient AQUEOUS synthesis of ultrasmall PEGylated $Cu_{2-x}Se$ nanoparticles as a multifunctional theranostic agent for multimodal imaging guided photothermal therapy of cancer[J]. Advanced Materials, 2016, 28(40): 8927-8936.

[123] MAO F, WEN L, SUN C, et al. Ultrasmall biocompatible Bi_2Se_3 nanodots for multimodal imaging-guided synergistic radiophotothermal therapy against cancer[J]. ACS Nano, 2016, 10(12): 11145-11155.

[124] FAN Z, DAI X M, LU Y F, et al. Enhancing targeted tumor treatment by near IR light-activatable photodynamic-photothermal synergistic therapy[J]. Molecular Pharmaceutics, 2014, 11(4): 1109-1116.

[125] ZHAO Z X, HUANG Y Z, SHI S G, et al. Cancer therapy improvement with mesoporous silica nanoparticles combining photodynamic and photothermal therapy[J]. Nanotechnology, 2014, 25(28): 285701.

[126] SIMMONS B J, GRIFFITH R D, FALTO-AIZPURUA L A, et al. An update on photodynamic therapies in the treatment of onychomycosis[J]. Journal of the European Academy of Dermatology and Venereology, 2015, 29(7): 1275-1279.

[127] KAMKAEW A, LIM S H, LEE H B, et al. BODIPY dyes in photodynamic therapy[J]. Chemical Society Reviews, 2013, 42(1): 77-88.

[128] HU W B, MA H H, HOU B, et al. Engineering lysosome-targeting BODIPY nanoparticles for photoacoustic imaging and photodynamic therapy under near-infrared light[J]. ACS Applied Materials & Interfaces, 2016, 8(19): 12039-12047.

[129] SHENG Z H, HU D H, ZHENG M B, et al. Smart human serum albumin-indocyanine green nanoparticles generated by programmed assembly for dual-modal imaging-guided cancer synergistic phototherapy[J]. ACS Nano, 2014,

8(12): 12310-12322.

[130] VANKAYALA R, HUANG Y K, KALLURU P, et al. First demonstration of gold nanorods-mediated photodynamic therapeutic destruction of tumors via near infra-red light activation[J]. Small, 2014, 10(8): 1612-1622.

[131] KALLURU P, VANKAYALA R, CHIANG C S, et al. Nano-graphene oxide-mediated in vivo fluorescence imaging and bimodal photodynamic and photothermal destruction of tumors[J]. Biomaterials, 2016, 95: 1-10.

[132] QIU J J, XIAO Q F, ZHENG X P, et al. Single $W_{18}O_{49}$ nanowires: a multifunctional nanoplatform for computed tomography imaging and photothermal/photodynamic/radiation synergistic cancer therapy[J]. Nano Research, 2015, 8(11): 3580-3590.

[133] MOU J, LIN T Q, HUANG F Q, et al. Black titania-based theranostic nanoplatform for single NIR laser induced dual-modal imaging-guided PTT/PDT[J]. Biomaterials, 2016, 84: 13-24.

[134] SONG X J, LIANG C, GONG H, et al. Photosensitizer-conjugated albumin-polypyrrole nanoparticles for imaging-guided in vivo photodynamic/photothermal therapy[J]. Small, 2015, 11(32): 3932-3941.

[135] HAN L, ZHANG Y, CHEN X W, et al. Protein-modified hollow copper sulfide nanoparticles carrying indocyanine green for photothermal and photodynamic therapy[J]. Journal of Materials Chemistry B, 2016, 4(1): 105-112.

[136] HE F, YANG G X, YANG P P, et al. A new single 808 nm NIR light-induced imaging-guided multifunctional cancer therapy platform[J]. Advanced Functional Materials, 2015, 25(25): 3966-3976.

[137] WEN L, CHENG L, ZHENG S M, et al. Ultrasmall biocompatible WO_{3-x} nanodots for multi-modality imaging and combined therapy of cancers[J]. Advanced Materials, 2016, 28(25): 5072-5079.

[138] LIU Y, WANG Z, ZHU G, et al. Suppressing nanoparticle-mononuclear phagocyte system interactions of two-dimensional gold nanorings for improved tumor accumulation and photothermal ablation of tumors[J]. ACS Nano, 2017, 11(10):

10539-10548.

[139] CHEN Y, CHENG L, DONG Z, et al. Degradable vanadium disulfide nanostructures with unique optical and magnetic functions for cancer theranostics[J]. Angewandte Chemie International Edition, 2017, 129(42): 13171-13176.

[140] 郑兴华, 丁剑, 梁国栋, 等. 钨青铜型（TB）材料[J]. 江苏陶瓷, 2005, 38(4): 19-22.

[141] 陈亚光. 无机化学中的水解反应[J]. 大学化学, 2016, 4(31): 74-79.

[142] GUO C S, YIN S, SATO T. Tungsten oxide-based nanomaterials: morphological-control, properties, and novel applications [J]. Reviews in Advanced Sciences and Engineering, 2012, 1(3): 235-263.

[143] XUE Y, ZHANG Y, ZHANG P H. Theory of the color change of Na_xWO_3 as a function of Na-charge doping[J]. Physical Review B, 2009, 79(20): 205113.

[144] GUO C S, YIN S, YAN M, et al. Facile synthesis of homogeneous Cs_xWO_3 nanorods with excellent low-emissivity and NIR shielding property by a water controlled-release process[J]. Journal of Materials Chemistry, 2011, 21(13): 5099-5105.

[145] TIAN G, ZHANG X, ZHENG X P, et al. Multifunctional Rb_xWO_3 nanorods for simultaneous combined chemo-photothermal therapy and photoacoustic/CT imaging[J]. Small, 2014, 10(20): 4160-4170.

[146] ZHANG Y X, LI B, CAO Y J, et al. $Na_{0.3}WO_3$ nanorods: a multifunctional agent for in vivo dual-model imaging and photothermal therapy of cancer cells[J]. Dalton Transactions, 2015, 44(6): 2771-2779.

[147] PEYRATOUT C S, DAHNE L. Tailor-made polyelectrolyte microcapsules: from multilayers to smart containers[J]. Angewandte Chemie International Edition, 2004, 43(29): 3762-3783.

[148] SUCH G K, JOHNSTON A P R, CARUSO F. Engineered hydrogen-bonded polymer multilayers: from assembly to biomedical applications[J]. Chemical Society Reviews, 2011, 40(1): 19-29.

[149] DE COCK L J, DE KOKER S, DE GEEST B G, et al. Polymeric multilayer capsules in drug delivery[J]. Angewandte Chemie International Edition, 2010, 49(39): 6954-6973.

[150] SONG X J, FENG L Z, LIANG C, et al. Ultrasound triggered tumor oxygenation with oxygen-shuttle nanoperfluorocarbon to overcome hypoxia-associated resistance in cancer therapies[J]. Nano Letters, 2016, 16(10): 6145-6153.

[151] LV R C, YANG P P, HE F, et al. An imaging-guided platform for synergistic photodynamic/photothermal/chemo-therapy with pH/temperature responsive drug release[J]. Biomaterials, 2015, 63: 115-127.

[152] YANG C Y, GUO W, AN N, et al. Enzyme-sensitive magnetic core-shell nanocomposites for triggered drug release[J]. RSC Advances, 2015, 5(98): 80728-80738.

[153] LONG C S, LU H H, LII D F, et al. Effects of annealing on near-infrared shielding properties of Cs-doped tungsten oxide thin films deposited by electron beam evaporation[J]. Surface & Coatings Technology, 2015, 284: 75-79.

[154] ZHAO Z H, YIN S, GUO C S, et al. Cs_xWO_3 nanoparticles for the near-infrared shielding film[J]. Journal of Nanoscience and Nanotechnology, 2015, 15(9): 7173-7176.

[155] YAN M, GU H X, LIU Z Z, et al. Effective near-infrared absorbent: ammonium tungsten bronze nanocubes[J]. RSC Advances, 2015, 5(2): 967-973.

[156] ZHOU Z J, HU K W, MA R, et al. Dendritic platinum-copper alloy nanoparticles as theranostic agents for multimodal imaging and combined chemophotothermal therapy[J]. Advanced Functional Materials, 2016, 26(33): 5971-5978.

[157] ZENG J F, CHENG M, WANG Y, et al. PH-responsive Fe(III)-gallic acid nanoparticles for in vivo photoacoustic-imaging-guided photothermal therapy[J]. Advanced Healthcare Materials, 2016, 5(7): 772-780.

[158] ZHU Y F, SHI J L, SHEN W H, et al. Stimuli-responsive controlled drug release from a hollow mesoporous silica sphere/polyelectrolyte multilayer core-shell structure[J]. Angewandte Chemie International Edition, 2005, 44(32): 5083-5087.

[159] JIANG L Q, GAO L. Effect of tiron adsorption on the colloidal stability of nano-sized alumina suspension[J]. Materials Chemistry and Physics, 2003, 80(1): 157-161.

[160] SZILAGYI I, TREFALT G, TIRAFERRI A, et al. Polyelectrolyte adsorption, interparticle forces, and colloidal aggregation[J]. Soft Matter, 2014, 10(15): 2479-2502.

[161] BARTON D G, SHTEIN M, WILSON R D, et al. Structure and electronic properties of solid acids based on tungsten oxide nanostructures[J]. Journal of Physical Chemistry B, 1999, 103(4): 630-640.

[162] FAUGHNAN B W. Electrochromism in WO_3 amorphous films[J]. RCA Review, 1975, 36: 177-197.

[163] EMIN D. Small polarons[J]. Physics Today, 1982, 35: 34-40.

[164] GUO C S, YIN S, YAN M, et al. Morphology-controlled synthesis of $W_{18}O_{49}$ nanostructures and their near-infrared absorption properties[J]. Inorganic Chemistry, 2012, 51(8): 4763-4771.

[165] MATHESON I B C, LEE J, YAMANASHI B S, et al. Measurement of the absolute rate constants for singlet molecular oxygen ($^1\Delta_g$) reaction with 1,3-diphenylisobenzofuran and physical quenching by group state molecular oxygen[J]. Journal of Physical Chemistry B, 1999, 103(4): 630-640.

[166] CHEN L, YAMANE S, MIZUKADO J, et al. ESR study of singlet oxygen generation and its behavior during the photo-oxidation of P3HT in solution[J]. Chemical Physics Letters, 2015, 624: 87-92.

[167] BRUSKOV V I, MALAKHOVA L V, MASALIMOV Z K, et al. Heat-induced formation of reactive oxygen species and 8-oxoguanine, a biomarker of damage to DNA[J]. Nucleic Acids Research, 2002, 30(6): 1354-1363.

[168] LI G L, GUO C S, YAN M, et al. Cs_xWO_3 nanorods: realization of full-spectrum-responsive photocatalytic activities from UV, visible to near-infrared region[J]. Applied Catalysis B-Environmental, 2016, 183: 142-148.

[169] CHEN R, WANG X, YAO X K, et al. Near-IR-triggered photothermal

/photodynamic dual-modality therapy system via chitosan hybrid nanospheres[J]. Biomaterials, 2013, 34(33): 8314-8322.

[170] LI L H, RASHIDI L H, YAO M Y, et al. CuS nanoagents for photodynamic and photothermal therapies: phenomena and possible mechanisms[J]. Photodiagnosis and Photodynamic Therapy, 2017, 19: 5-14.

[171] JIANG X, ZHANG S, REN F, et al. Ultrasmall magnetic CuFeSe$_2$ ternary nanocrystals for multimodal imaging guided photothermal therapy of cancer[J]. ACS Nano, 2017, 11(6): 5633-5645.

[172] HOHENBERGER P, KETTELHACK C. Clinical management and current research in isolated limb perfusion for sarcoma and melanoma[J]. Oncology, 1998, 55(2): 89-102.

[173] SKOWRONEK J, KUBASZEWSKA M, KANIKOWSKI M. Hyperthermia-description of a method and a review of clinical application[J]. Reports of Practical Oncology & Radiotherapy, 2007, 12(5): 267-275.

[174] WEBB S D, SHERRATT J A, FISH R G. Alterations in proteolytic activity at low pH and its association with invasion: a theoretical model[J]. Clinical & Experimental Metastasis, 1999, 17(5): 397-407.

[175] STRATFORD I J, GRIFFITHS L, DACHS G, et al. Hypoxia in tumours-a physiological abnormality that can be exploited[J]. British Journal of Cancer, 1996, 73(8): 1014-1015.

[176] RANJI-BURACHALOO H, KARIMI F, XIE R, et al. MOF-mediated destruction of cancer using the cell's own hydrogen peroxide[J]. ACS Applied Materials & Interfaces, 2017, 9(39): 33599-33608.

[177] BROWN J M. The hypoxic cell: a target for selective cancer therapy-eighteenth bruce F. cain memorial award lecture. Cancer Research, 1999, 59(23), 5863-5870.

[178] BIROCCIO A, CANDILORO A, MOTTOLESE M, et al. Bcl-2 overexpression and hypoxia synergistically act to modulate vascular endothelial growth factor expression and in vivo angiogenesis in a breast carcinoma line[J]. Faseb Journal, 2000, 14(5): 652-660.

[179] LAKSHMINARAYANA G, BAKI S O, LIRA A, et al. Structural, thermal and optical investigations of Dy^{3+}-doped B$_2$O$_3$-WO$_3$-ZnO-Li$_2$O-Na$_2$O glasses for warm white light emitting applications[J]. Journal of Luminescence, 2017, 186: 283-300.

[180] LAKSHMINARAYANA G, KAKY K M, BAKI S O, et al. Concentration dependent structural, thermal, and optical features of Pr^{3+}-doped multicomponent tellurite glasses[J]. Journal of Alloys and Compounds, 2016, 686: 769-784.

[181] LEMAL D M. Perspective on fluorocarbon chemistry[J]. Journal of Organic Chemistry, 2004, 69(1): 1-11.

[182] MA Z M, MONK T G, GOODNOUGH L T, et al. Effect of hemoglobin- and perflubron-based oxygen carriers on common clinical laboratory tests[J]. Clinical Chemistry, 1997, 43(9): 1732-1737.

[183] RIESS J G. Understanding the fundamentals of perfluorocarbons and perfluorocarbon emulsions relevant to in vivo oxygen delivery[J]. Artificial Cells Blood Substitutes and Biotechnology, 2005, 33(1): 47-63.

[184] SONG G S, LIANG C, YI X, et al. Perfluorocarbon-loaded hollow Bi$_2$Se$_3$ nanoparticles for timely supply of oxygen under near-infrared light to enhance the radiotherapy of cancer[J]. Advanced Materials, 2016, 28(14): 2716-2723.

[185] CHEN J M Z, AHMAD A, MILLER A D, et al. RGD-functionalised liposome for tumour targeting[J]. Molecular Therapy, 2006, 13: S74-S75.

[186] KUMAR A, HUO S D, ZHANG X, et al. Neuropilin-1-targeted gold nanoparticles enhance therapeutic efficacy of platinum(IV) drug for prostate cancer treatment[J]. ACS Nano, 2014, 8(5): 4205-4220.

[187] SEALY C. Communicating nanoparticles improve tumor targeting[J]. Nano Today, 2011, 6(5): 439-440.

[188] DUAN X P, LI Y P. Physicochemical characteristics of nanoparticles affect circulation, biodistribution, cellular internalization, and trafficking[J]. Small, 2013, 9(9-10): 1521-1532.

[189] 王旭. 基于 LED 多波长复合光物理治疗系统的研究[D]. 秦皇岛: 燕山大学, 2009.

[190] 田宏毅. 基于 PC 平台复合光物理治疗系统研究[D]. 秦皇岛: 燕山大学, 2006.

[191] STEPHENSON J M, BANERJEE S, SAXENA N K, et al. Neuropilin-1 is differentially expressed in myoepithelial cells and vascular smooth muscle cells in preneoplastic and neoplastic human breast: a possible marker for the progression of breast cancer[J]. International Journal of Cancer, 2002, 101(5): 409-414.

[192] SOKER S, TAKASHIMA S, MIAO H Q, et al. Neuropilin-1 is expressed by endothelial and tumor cells as an isoform-specific receptor for vascular endothelial growth factor[J]. Cell, 1998, 92(6): 735-745.

[193] HASPEL N, ZANUY D, NUSSINOV R, et al. Binding of a C-End rule peptide to the neuropilin-1 receptor: a molecular modeling approach[J]. Biochemistry, 2011, 50(10): 1755-1762.

[194] JIA H, CHENG L, TICKNER M, et al. Neuropilin-1 antagonism in human carcinoma cells inhibits migration and enhances chemosensitivity[J]. British Journal of Cancer, 2010, 102(3): 541-552.

[195] LAMBERT S, BOUTTIER M, VASSY R, et al. HTLV-1 uses HSPG and neuropilin-1 for entry by molecular mimicry of VEGF165[J]. Blood, 2009, 113(21): 5176-5185.

[196] GRANDCLEMENT C, BORG C. Neuropilins: a new target for cancer therapy[J]. Cancers (Basel), 2011, 3(2): 1899-1928.

[197] BIELENBERG D R, PETTAWAY C A, TAKASHIMA S, et al. Neuropilins in neoplasms: expression, regulation, and function[J]. Experimental Cell Research, 2006, 312(5): 584-593.

[198] ARAMI H, KHANDHAR A, LIGGITT D, et al. In vivo delivery, pharmacokinetics, biodistribution and toxicity of iron oxide nanoparticles[J]. Chemical Society Reviews, 2015, 44(23): 8576-8607.

[199] SAIJO K, GLASS C K. Microglial cell origin and phenotypes in health and disease[J]. Nature Reviews Immunology, 2011, 11(11): 775-787.

[200] SHI C, PAMER E G. Monocyte recruitment during infection and inflammation[J]. Nature Reviews Immunology, 2011, 11(11): 762-774.

[201] TSOI K M, MACPARLAND S A, MA X Z, et al. Mechanism of hard-nanomaterial clearance by the liver[J]. Nature Materials, 2016, 15(11): 1212-1221.

[202] SARIN H. Physiologic upper limits of pore size of different blood capillary types and another perspective on the dual pore theory of microvascular permeability[J]. Journal of Angiogenesis Research, 2010, 2(1): 14.

[203] YANG C Y, GUO C S, GUO W, et al. Multifunctional bismuth nanoparticles as theranostic agent for PA/CT imaging and NIR laser-driven photothermal therapy[J]. ACS Applied Nano Materials, 2018, 1(2): 820-830.

[204] DEMOY M, ANDREUX J P, WEINGARTEN C, et al. Spleen capture of nanoparticles: influence of animal species and surface characteristics[J]. Pharmaceutical Research, 1999, 16(1): 37-41.

[205] VALOIS C R A, BRAZ J M, NUNES E S, et al. The effect of DMSA-functionalized magnetic nanoparticles on transendothelial migration of monocytes in the murine lung via a O_2 integrin-dependent pathway[J]. Biomaterials, 2010, 31(2): 366-374.